U0262951

趣味数学丛书

数学奇趣

徐品方　徐　伟／著

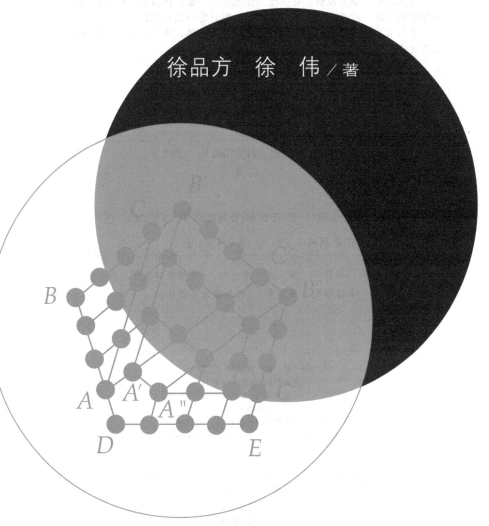

科学出版社

北京

内 容 简 介

数学很奇妙，它就像是一座由数字、字母、符号和图形构成的迷宫。利用思维的力量去寻找迷宫正确道路的过程，充满着挑战，也充满着乐趣。

本书介绍了一些充满奥秘与奇趣的数学知识和数学历史故事，包括神秘而有趣的自然数、妙趣横生的墓志铭，以及数学历史上的失误等，这些内容发人深思，令人惊讶，有些还会让你会心一笑。相信本书能够激发你对数学的兴趣，锻炼你的逻辑思维能力，提升你的创新意识。

本书语言通俗易懂，集知识性与趣味性于一体，非常适合小学高年级以上文化程度的大众读者阅读。

图书在版编目(CIP)数据

数学奇趣/徐品方，徐伟著 . —北京：科学出版社，2012.3
（趣味数学丛书）
ISBN 978-7-03-033464-0

I.①数… Ⅱ.①徐… ②徐… Ⅲ.①数学-普及读物 Ⅳ.①O1-49

中国版本图书馆 CIP 数据核字（2012）第 016504 号

责任编辑：胡升华　张　凡　房　阳　/责任校对：张　林
责任印制：吴兆东　/封面设计：黄华斌

科学出版社 出版
北京东黄城根北街 16 号
邮政编码：100717
http://www.sciencep.com
北京厚诚则铭印刷科技有限公司印刷
科学出版社发行　各地新华书店经销
*
2012 年 3 月第　一　版　开本：B5（720×1000）
2024 年 9 月第八次印刷　印张：14
字数：280 000
定价：48.00 元
（如有印装质量问题，我社负责调换）

前　言

数学很奇妙，它是数字、字母、符号和图形构成的一座迷宫。不少人爱做迷宫游戏，用逻辑思维的武器，寻找走出迷宫的正确道路，一旦顺利走出迷宫，成功的愉悦令人兴奋，会使人再向新的或更复杂的迷宫挑战。这就是数学奇趣的魅力。

数学的定义、定理等，使一些人感到神秘莫测，有些人把数学设想成受冷酷无情的法则、定理统治的专制王国，认为里面充满着机械与单调。其实，数学是个充满趣味、充满生气、瑰丽多姿的大千世界，是人类思维开出的灿烂花朵，是思维高原上的一座宏伟殿堂。好玩的数学，永远向每一个人敞开迷宫的大门。

数学是人类的伊甸乐园。它虽然没有文学那样的故事情节，没有那样多愁善感、曲折动人，不像音乐那样有动听的旋律，也不像绘画艺术那样让人目眩或有着栩栩如生的缤纷色彩；但是，数学以严谨的逻辑推理、精确的计算和抽象思维而著称，它的色彩是简洁和明快的，有首诗说得更明白：

> 数学能令你的思维纯净，
>
> 会为你的思维增添活力，
>
> 它赋予你想象的翅膀，
>
> 为你开通推理的渠道。

历史上有些曾经被人所掌握的知识，随着时间的流逝，渐渐销声匿迹了，人们只能在故纸堆中寻觅它的踪影。然而，另外一些知识，尽管它们源于古老的年代，至今却仍然光彩夺目，焕发出旺盛的生命力。有些古老的数学好似铁树开花，成为珍稀的火花，点燃和照亮了现代的科学技术。让我们珍视古老的数学文化遗产，让它再开放出更

数学奇趣

加绚丽鲜艳的花朵。

　　本书选介一些充满奥秘的数学奇趣，供你赏析，会让你过目难忘。若能撞响你思维的洪钟，激发你对数学的兴趣，提高你的创新能力，甚至有助于提高全民科学素质的话，作者也就心满意足了。

　　由于作者水平有限，不当之处，欢迎批评指正！

徐品方　徐　伟

初稿于 2008 年 11 月于四川西昌学院（南校区）

2011 年 3 月修改

目　　录

1 充满奥秘的数学

数学是个万花筒，里面有许多形形色色的美丽、和谐的趣事，十分奇妙、有趣。

公元前 3 世纪，古希腊的阿基米德对数学十分痴迷。"仿佛他家中有一个绝色的仙女，与他形影不离，使他神魂颠倒，忘了吃，忘了喝，也忘了自己。有时，甚至在洗澡时，也用手指在炉灰上画几何图形，或者在涂满擦身油的身上画线条，他完全被神女缪斯的魅力征服。"这是近两千年前的古希腊历史学家、传记作家普鲁塔克（Plutarch，约 46～约 127）对阿基米德的评述（解延平等，1987)[96]。

1.1 破译密码王中王

先讲一个有趣的故事。

稻田边立着穿蓑衣的稻草人。几天过去，鸟儿便知道这是假人，大胆地饱食快成熟的稻谷，还故意站在稻草人头上鸣叫"假假假"。后来，稻田主人自己穿上蓑衣站在田边。鸟儿又像过去一样来吃谷子，吃完后站在"稻草人"头上，最终被稻田主人抓住。稻田主人大笑道："你天天在叫假假假，今日叫你撞上真真真！"

下面要讲的密码的故事，绝不是假假假，而是真真真！

密码一般是用 0～9 的 10 个数字中的一些数字组成的秘密记号，只有自己（如银行卡密码、电脑密码等）或双方（如通信密码）知道。

密码通信在军事、政治、经济上都是必不可少的。

1. 密码的历史悠久

密码的历史悠久，我国自古有之。例如，宋朝曾将 40 个军用短语密码用序号 1，2，…，40 表示；另用一首只有 40 个字（没有重复字眼）的五言诗中的字一一对应。若送密码，写一普通公文，其中包含诗中对应序号的一个字眼，并在此字上加盖图章。例如，要求增兵，从密码中查"请添兵"是第 14 个军用短语，诗中对应的第 14 个字是"别"字。于是写一封信夹进"别"字，并在其上盖章。收信人一看便知是要求增兵援助了（徐品方等，2007a)[64～65]。

又传说，北宋年间，辽国奸细王钦若打入宋朝内"卧底"。辽国要送密件给

1

他时，为逃避路上盘查，把密件蜡丸塞入送信人切开的大腿肌肉里，待伤愈后送给王钦若。这是历史上最野蛮的传送密件的方法之一。

在国外，历史上为保卫祖国破译敌人密码的数学家也不乏其人。

16世纪，在一次法国与西班牙的战争中，西班牙人编制了一份自认为极其安全的密码，没想到法国数学家韦达（F. Vieta，1540～1603）利用数学方法破译了这份数百字的密码，使法国军队打败了对方。西班牙国王开始还不相信他们的密码能被破译，认为法国人采用了邪术，后来得知是韦达搞的，愤怒的西班牙宗教裁判所缺席判处烧死韦达的极刑。当然，韦达远隔异国，宗教裁判所鞭长莫及，无法得逞。

第二次世界大战（1939～1945）中，英国数学家图灵（A. M. Turing，1912～1954）于1943年根据数学原理设计了一台叫"乌尔特拉"的密码自动破译机，又称图灵机。德国谍报部门用性能最优良的发报机发送出的各种密码，都能被图灵机自动译出，致使德军连连失败。德军统帅部直到战争结束时，还一直相信他们优良的发报系统绝对安全，认为失密是内部出了叛徒，当时还千方百计在内部捉拿"奸细"。然而，他们做梦也没有想到，密码是被年轻的数学家图灵用数学方法破译的。英国首相丘吉尔称图灵机为"英国的秘密武器"，为此，图灵荣获了帝国勋章。

无独有偶，在第二次世界大战时，美军科学家也用数学方法成功地破译了日军的密码电报，得知日本空军头目山本五十六的动向，预先设下埋伏，一举击落了山本五十六的座机，使这个日本侵略军的头目葬身孤岛。

然而有矛必有盾，随着一个个密码被破译，新的更为复杂的密码不断编制出来。

2. RSA 密码的诞生

物换星移几度秋，时间匆匆地进入20世纪70年代，一种亘古未有的密码，神奇般地降临大地，向数学家、计算机专家的智慧发出了挑战。

1978年的一天，美国青年科学家里维斯特（Rivest）、夏米尔（Shomir）和阿德利曼（Adleman）三人相约悄悄来到纽约，共商设计令全球最难解的一种密码系统。三人中两人是数理逻辑学家，一人是计算机专家，他们凭借着超群的智慧和极其独特的设密技术，经过夜以继日的不懈努力，发明了一种长达129位的长码。这是一种最为先进、最为复杂的密码系统，起名为"RSA129"，取三位发明者姓名的头一个字母，后人统称RSA密码系统。

他们把这个发现写成文章，投寄给美国最有影响的科普杂志《科学美国人》。在文章中，他们以年轻人特有的幽默，诙谐地宣布说，谁能解出RSA129

密码,将能获得 100 美元的奖励,因为他们拿不出更多的钱。

文章以最快的速度发表了,喜欢标新立异、寻找"奇闻"的美国读者,争读和传播这个"公开秘密"的信息。它首先在美国引起轰动,随后又很快在全球数学界和计算机界传开。许多专家学者跃跃欲试,倒不是为了那微薄的 100 美元的奖金,而是试图登上密码界的珠穆朗玛峰。但是,他们低估了 RSA 密码系统的难度,个个都以失败而告退。

科学家认为,解开 RSA129 这个有史以来最难的密码系统,并非是一种趣味游戏,它涉及数论里因数分解问题。解开它不仅在理论密码学、数理逻辑学和数论上都有重大意义,而且直接影响当代商业与军事部门所使用密码的生存与命运,因为一旦破译,许多银行、公司、政府和军事部门现行所使用的密码系统必须全部改换,才能防止保密系统泄密。

面对这个诱人的理论与应用重大课题,许多人运用各种办法去解开它。时间一年一年过去了,然而没有人成功,"竹篮打水一场空"。

这时,有人似贬实褒地"骂"道:"这三个野小子,十分厉害。"也有人说 RSA129 是一个根本不能破译的"大骗局",是一个"圈套"。这话传到发明者之一里维斯特耳朵里,他平静地回答说:这绝不是骗局,也不是圈套,而是科学。并且告诉大家说,如果想靠个人单干的小打小闹或零敲碎打解开 RSA129 密码,那么人类至少要花 4000 年!他又暗示说,只有集中力量,进行连续的跨国联网大会战,才会有可能成功。

3. 智慧的较量

人们从失败中发现,这类 RSA 密码系统是一种与数的因数分解有关的数学方法,用它可以编、译密码。聪明的发明者正是利用数论专家目前还难以解决大数的因数分解之机,编制成了这种难以破译的密码系统。

我们知道,用现代计算机进行两个很大的数相乘是件极容易的事。例如,9 位数 193707721 和 12 位数 761838257287 相乘,用计算机只需几秒钟就可得出积数 $2^{67}-1$。但是反过来,如果不知道这两个因数,要求完成乘积($2^{67}-1$)的因数分解,却不容易,积的位数越多,计算机所耗时间越多。有人统计,若进行两个 101 位数的积的因子分解,最快的计算机也要几十万亿年的时间。因此,求一个大数的因数分解,必须采用数学家们研究出新的计算方法,同时辅之以电子计算机工作才行。里维斯特三人正是利用了数学家目前对大数的因数分解的困难,研制了这一可以公开却又无法破译的密码。短短几年间,这一密码得到了一些国家安全部门的广泛应用。

RSA 密码系统的基本思想是:取两个充分大的素数的乘积,如果需要发送秘密文电，只需公开告诉发电报的人这两个素数的乘积是多少，并说明如何用它进行编码，但不必告诉他这两个素数。发报人按编码进行发送秘密文电，而收报人只要对这两个很大的素因数严守秘密，任何人都无法破译，只有他本人知道这一密码电报。

RSA 密码系统的出现，一方面给一些国家安全部门带来了喜悦与通信的安全感，另一方面却给数学王国的数学家带来了极大的震动。顿时，数坛的能工巧匠惊惶不安，被誉为"数学皇后"的数论以及"计算之王"的计算机等的尊严受到了严重的损伤，数论再也不是"世外桃源"，再也不是与实践不沾边、纯之又纯的数学理论了。几千年来始终洁白如玉、一尘不染的素数的性质一下子败在了国家谍报工作人员的脚下，RSA 系统密码出奇地钻了数学家们暂时不知的大空子，给他们出了一道极富挑战性的难题。

4. 毅力是永久的享受

在挑战面前，数学家们积极投身到大因数分解的玄机妙算之中，佐治亚大学的波梅兰斯教授说："这种密码系统是由于无知而成功的一项应用。它的产生使更多的人热衷于研究数论了。可以说，对分解因数束手无策的数学家越多，这种密码就越好。"

数学家的科学使命遭到如此重大的打击，极大地刺伤了他们的自尊心。他们迅速地向编密码专家发出了应战的誓言："我们必须知道，我们必将知道。"为了攻克大因数分解这座崎岖曲折的数论山峰，他们熬过无数寒暑，度过无数不眠之夜，无数次坐在计算机面前进行计算、推理与沉思。他们使用运算速度越来越快的计算机，研究改进数学计算的方法，其间又创立了新的数学分支"计算数论"。短期内取得了可喜的进展，他们进行因数分解的位数迅速增大。

例如，1984 年 2 月 13 日，美国《时代》周刊介绍了美国科学家西蒙斯、戴维斯和霍尔德里奇 3 人，用 32 小时解开了 3 个世纪之久未解决的难题——69 位数的因数分解。

时间不断在改写历史的记录，突破性的奇迹接踵而来。

1986 年末，已有一些国家能在一天之内分解一个 85 位的数；1988 年，可分解 100 位长的大数；1990 年，美国数学家 J. 波拉德和 H. 兰斯拉发现了一个 155 位数的分解方法……

数学界的消息，使美国保密机构感到震惊。因为此前美国绝大多数保密体系是使用 150 位长的大数来编制密码。现在感到不安的不再是数学家，而是那些得逞一时的国家安全部门了。

5. 破译 RSA129 密码的成功

光阴荏苒，日月如梭，距 RSA 系统问世 12 年之后，数学家们在因数分解上取得了节节胜利，鼓舞着揭开 RSA129 之谜的科学家，他们开始酝酿、策划直捣令人咋舌"要花 4000 年"解决的 RSA129"大圈套、大骗局"的难题了。

科学家们终于接受发明者的"大兵团作战"的建议。他们纷纷呼吁：集中全球的"密码学精英"和大量高性能的计算机，全力以赴"跨国联网大会战"直捣黄龙。

说起来容易，做起来太难了，举行这样的"会战"，不仅需要一笔不小的资金，而且还要有一个"愿作嫁衣裳"的机构出面组织，进行协调。

美国著名的"贝尔通信公司"负责科研的"科尔公司"的决策者们高瞻远瞩，提供资金赞助并组织了这一世界性的大会战。1990 年初，五大洲 600 多位解密专家和 1600 台高性能的计算机，汇合在一起，一场空前壮观的破译"世界密码之王"的大会战的帷幕启开了。

组织者们食不甘味，寝不安席；专家学者们送走了多少个星光交辉的夜晚，迎来了多少朝霞如火的清晨，他们有序地、科学地向密码的珠穆朗玛峰攀登。具体负责的科尔公司的阿杰恩·伦斯特博士说："计算机已经告诉我们，破译的困难程度如同要在一堆地球一样大的干草堆中找出总共 850 万枚缝衣针。"

"天机云棉用在我，剪裁妙处非刀尺。"精英们经过整整 8 个月的连续苦战终于成功了。他们破译了 RSA129 密码。用过的草稿纸记载了多少成功和失败，凝结着多少团结合作的汗水和心血啊！

估计单干要 4000 年的工作量，集体合作只花 240 天就完成了。这不是 1 天约等于 16.6 年吗？

科尔公司在纽约举行了一次别开生面的招待会，会上伦斯特博士宣布成功地破译了 10 多年前 3 位发明家设置的这个被认为永远无法破译的"密码王中王"。发明者之一里维斯特亲手将一张 100 美元的支票"奖"给科尔公司的伦斯特博士。会场顿时爆发出一片善意的笑声，接着响起经久不息的雷鸣般的掌声和欢呼声。

人们想不到才十几年，计算机发展竟如此迅速。对此，里维斯特总结说："由此看来，在我们这个计算机飞跃发展的时代，绝对无法破译的密码是根本不存在的。"

当然，RSA 密码系统中长达 129 位数的特殊长码破译了，但对 150 位数以上的长码，还没有找到一般的方法。有人预测，照这样形势发展，破译 RSA 密码系统的任何密码的日子为期不远了。

活生生的现实把数学家从一张纸、一支笔的小天地里逼上了应用数学广阔天地的"梁山"，他们以迅猛异常的勇敢精神，杀出了一条血路，直捣密码的心脏。

RSA 密码系统的编制与破译，在一定程度上推动了数学的发展，建立了计算机应用的新天地，并且催生了"计算数论"，使人们看到公元前发现的数论这门纯数学理论科学，在 3000 年后的当代大显身手，应用于实践的可能性，数论再也不是"世外桃源"和"空中楼阁"了。同时，数学家的工作也充实和发展了密码学，使密码分析实现了数学化、机械化。

思考题 1 证明 $3^{24}-1$ 一定有约数 91。（浙江师范大学 1985 年初中数学竞赛题）

注：因式分解是一种重要的恒等变形，用途广泛。这里仅举一个解决整除性的题，只要分解因式中有 91 因数即成。

1.2 笔尖下发现行星

有这样一则有趣故事。一天，地理教师上课时对学生说："谁能在地图上指出美洲的位置?"

尼克走到地图面前，准确地找到了美洲的所在。

"好，同学们，再告诉我：谁发现了美洲大陆?"教师又问。

学生们异口同声地回答："尼克。"

这只是一则笑话。但要问问，谁发现了天王星和海王星，你知道吗?

每当夜幕降临，仰望晴朗的夜空，上面点缀着无数的繁星，闪烁着光亮的星球优美、和谐地布于太空，有条不紊地运动着，呈现出一幅绚丽的奇特图案。

几千年来，天空中隐藏着无穷无尽的奥秘，我们的祖先很早就已对地球附近的五大行星（水星、金星、火星、木星和土星）有所认识，并不停地探索着这些大行星的规律。

1766 年，德国数学教师提丢斯（J. D. Titius，1729～1796）发现各大行星到太阳的平均距离是有如下规律的一数列，即从第三项起，后一项是前一项的 2 倍（今称等比数列）：

$$0，3，6，12，24，48，96，192，384，\cdots$$

为了让人们容易记住这数列的数目，提丢斯把每一个数加 4 再除以 10，就得到下表中的数据。

0.4	0.7	1.0	1.6	2.8	5.2	10.0	19.6	38.8
水星	金星	地球	火星	?	木星	土星	?	?

结果令人大吃一惊，如果地球到太阳距离为 1.0 个天文单位，那么这列数恰巧分别对应已知五大行星到太阳的平均距离，如上表所示。

这是偶然巧合，还是必然规律呢？数学教师提丢斯搞不清楚。6 年后，德国柏林天文台台长波德（J. E. Bode，1747～1826）知道后，认为提丢斯的发现隐含着一个重要而有价值的规律，于是将它公布于世。后人称它为"提丢斯-波德定则"。天文学家和数学家对表中三个问号很感兴趣，对它们对应什么行星穷追不舍，要去揭开这个谜，他们相信会出现奇迹。

1. 自制望远镜

德国有一个家贫的青年，名叫威廉·赫歇尔（W. Herschel，1738～1822），在父亲的熏陶下，他幼年表现出不凡的音乐才能。18 岁那年，赫歇尔因战争流亡到英国，全靠演奏音乐糊口，后被选聘为宫廷里的双簧管吹奏手。他业余喜欢天文观测。由于买不起大型望远镜，他决定自己动手磨制镜片以造出一台天文望远镜，进行观测发现新行星。他还把远在德国作歌手的妹妹卡罗琳（H. Caroline，1750～1849）接到英国帮他制造。工夫不负有心人，"十年磨一剑"，竟然自制成功了。他 5 年不间断地进行天文观测，于 1781 年 3 月 13 日晚 10 时许，用自制的望远镜，在土星之外发现了一颗蓝色的天体——天王星。经过计算，它到太阳的距离正好是 19.2 个天文单位，基本上符合"提丢斯-波德定则"19.6 个天文单位处存在一个大行星的预言。

自从赫歇尔业余发现了天王星以后，兄妹俩的人生命运就发生了改变，他们后来成了天文学家。曾是歌手的妹妹激动地用歌声唱道：

秋夜的薄雾啊，从天际飘过，

我登高仰望，星光闪烁，

点燃了我心灵处的盏盏灯火。

……

天王星发现以后，这个"定则"的可信度大大提高，鼓舞着天文学家继续寻觅发现位于 2.8 和 38.8 个天文单位处，是否存在行星。

2. 笔尖下的发现[1]

约 20 年过去了，人们仍未发现位于 2.8 个天文单位处是什么行星。1801 年

---

[1] 见徐品方参撰的《我看到了地球自转》一书 135～140 页，中国少年儿童出版社 1984 年出版

1月1日晚上，人们都在欢乐地过新年时，意大利天文学家皮亚齐（G. Piazzi，1746～1826）却还在西西里岛的天文台坚持天文观测。突然，他在天文望远镜中发现金牛星座一带有一颗体积很小的星星，他对照星象图，这颗星星正好在"定则"2.8个天文单位的位置上。第二天晚上观察时，这颗星星向西移走了。他疑心这是一颗"没有尾巴的彗星"。在冰天雪地、寒风刺骨的岛上，皮亚齐连续观测了40个夜晚，最后，因劳累过度而病倒后才停止观测。他只记录这颗星星沿9°这一段小弧运动。但它在360°的运行轨道却无法知道。皮亚齐写信给欧洲大陆的同行，请求共同观察、核对和研究。由于当时欧洲发生了战争，地中海被封锁了。到9月份欧洲大陆上的天文学家们才接到这封信。时过几个月，那颗"没有尾巴的彗星"已无影无踪躲藏起来，再也不肯露面。

皮亚齐发表了自己的发现，天文学界对此争论不休，褒贬不一。

几个月过去了，这个问题引起24岁的德国数学家高斯（C. F. Gauss，1777～1855）的注意。高斯心想，既然天文学家通过观测找不到，是否可以通过数学理论的推导和计算来找到呢？他想用数学方法解决这个问题。有人说："高斯是个数学家，懂天文学吗？"这个星能用笔尖"算"出来吗？

怎样推算寻找这个星呢？高斯在30多年以前，读到瑞士数学家欧拉（L. Euler，1707～1783）曾研究出的一种计算行星轨道的方法，可惜方法太麻烦了，高斯不走前人之路，决定改革、创新，运用他卓越的数学知识和特殊的"数学王子"的才干。他创立了比前人更精确、完整的计算行星轨道的数学方法，引出了一个八次方程，只用了一两小时就算出了结果，并且准确地预言说：位于2.8个天文单位上有一颗行星，它将在什么时候出现在哪一片的天空里。

天文学家们将信将疑。在高斯预言的时间、位置，天文学家用大型望远镜发现了这颗行星。眼见为实，但因它的质量较小，人们称这个小行星为谷神星。1802年3月28日，天文学家根据高斯的计算方法，又准确地找到了另一颗新的小行星——智神星。但这两颗星不属于太阳系中大行星条件，只是小行星，不能列为大行星。

3. 发现海王星

高斯从笔尖下发现行星以后，人们把注意力集中于研究38.8个天文单位位置是什么行星。

1843年，英国剑桥大学数学系学生亚当斯（J. C. Adams，1819～1892），读了格林尼治天文台台长艾利著的《最近天文学》一书，得知了38.8个天文单位轨道之"谜"。他学习高斯，要"算"出这个行星。他阅读有关观测的资料，利用大学学到的高等数学知识，潜心研究，殚思极虑，经过反复计算，两年后的 1845 年 10 月，亚当斯把完成的计算结果、预测呈交给格林尼治天文台台长艾利，希望通过大型望远镜找到这颗行星。遗憾的是，由于亚当斯是个在校大学生、不出名的年轻人，思想保守的艾利只说了一句"年轻的大学生，太富于幻想了"便顺手把这份计算报告放在办公桌一堆信函最底层，将其打入冷宫。

后来，法国巴黎著名的利威列尔（U. J. J. Le Veerier，1811～1877）完成了这项理论计算工作，一年后的 1846 年 6 月，利威列尔把研究成果发表了。艾利看到名人的这篇论文，才想起一年前亚当斯的计算报告，马上翻找出来一看，发现两人的计算报告，包括预测位置都惊人的一致，他很后悔轻视名不见经传的亚当斯。

惊奇万分的艾利，马上组织人员，利用大型望远镜在预测位置搜寻，结果在约 38.8 个天文单位的位置发现了这个大行星，并命名为"海王星"[1][2]。因这颗行星呈现淡蓝色，令人联想到蔚蓝色的大海，于是人们用罗马神话中海神尼普顿的名字命名它，中文译为"海王星"。

关于这一事实，数学家杨（C. A. Young）在其著作中有一段记载：

> 海王星的发现是数学和天文学上的伟大成就。海王星并没有精确地沿着预先计算的轨道运动，而是受某种未知因素的影响而偏离了某个距离……根据这一微小的偏差，还可以计算出那些未知行星的位置，并进一步去观察和验证它们的存在。利威列尔给伽雷（Galle）的信中指出："把您的望远镜对准宝瓶宫星座的黄道，在经度 326°处，则可在 1°范围内找到一颗新的行星，并觉察到光环的存在，它就是第八颗行星。" 1846 年 9 月 26 日的晚上，天文学家在柏林观察了半小时后，就在偏离利威列尔所指出的精确位置 52′的地方发现了这颗行星的存在。

至此，全世界天文组织公认共有八大行星：水星、金星、地球、火星、木星、土星、天王星和海王星。

4. 冥王星的发现

笔尖下又发现海王星以后，一些天文学家猜测海王星的轨道外更远处，可能还会有大行星，都想仿效亚当斯和利威列尔的方法，企图从天王星和海王星的轨道摄动去推算海王星外的未知行星。但更多的天文学家持反对意见，认为由于天王星和海王星的残余摄动很微小，不可能在海王星轨道远处发现

① 见：马进福 . 1999. 世界大发现（天文、地理卷）. 西安：未来出版社：45～46
② 见：杨建邺 . 2000. 杰出科学家的失误 . 武汉：华中师范大学出版社：221～223

新的大行星的奇迹，他们便放弃了这种想法与工作。但少数天文学家坚信其存在，其中著名的是美国天文学家洛韦尔（P. Lowell，1855～1916），他分析天王星和海王星两星运动的不规则性，未能解释残余摄动，可能会"算出"新的大行星。1915 年洛韦尔宣布了他预测的消息，可惜他来不及证实预测，便于第二年与世长辞了。但他的信徒、美国洛韦尔天文台的天文学家汤波（C. W. Tombaugh，1906～1997），接过洛韦尔未竟事业，每当夜空繁星闪烁，他就用各种方法、各种仪器，连续两三个小时地观望这片天空，希望破解这个天上的秘密，一鸣惊人。

工夫不负有心人，在洛韦尔预测 15 年后的 1930 年 1 月 21 日，24 岁的汤波通过报纸宣布：他反复对照他在 1 月 23 日和 1 月 29 日拍的照片，证实了洛韦尔预测的这颗新的大行星的存在。英国牛津大学图书馆一职员的外孙女，得知正在征求这颗新行星的命名，这个 11 岁的小姑娘对命名很有兴趣，根据这颗星昏暗特点，她在外祖父书房里找到一本罗马神话的故事书，读后对外祖父说："这颗新星命名为普路托吧！"因为普路托的英文为 Pluto，译为中文为冥王。外祖父赶忙将这名字写信给英国天文学家特纳，信中说："我的小外孙女想出了一个好名字——普路托（冥王星）。因为在那颗新发现的行星上一定暗无天日，冥王正是暗无天日的阴曹地府的主宰者……"特纳用加急电报报告给美国洛韦尔天文台台长这一命名。台长看了电报，也觉得这一名字贴切，因为"罗马神话中的冥王普路托统治的冥府，阴森寒冷、寂寞。这与远离太阳 59 亿公里，到处黑暗和寒冷的冥王星世界十分相似"。就这样发现了冥王星（马进福，1999）[50～53]。

5. 冥王星的争论

对冥王星的命名，天文学界的专家、学者没有什么异议。但许多天文学家却不同意冥王星为太阳系第九大行星。反对者的理由并不是笔尖下发现的第二颗冥王星本身，而是认为冥王星实际轨道与预测计算的结果有差距，亮度也比预测的暗得多，看不出视圆面，它的质量太小（1978 年准确测定出它的质量值为 0.0024 地球质量，即 1.43×10^{19} 吨，比月球质量还小，却比小行星的质量大），"按冥王星的质量去计算，它对天王星和海王星的轨道不会引起足够大的摄动"。还有人认为，"冥王星的发现和海王星不一样，不能看成是计算的功劳，而是偶然的巧合"。正是"秋风忽怒起，降格冥王星"。

冥王星是否为第九大行星的争论，从 1930 年至 2009 年，约 80 年，一直是天文学界争论的话题。正如德国哲学家康德（I. Kant，1724～1804）诗中所言：

天上有星光闪耀，地上有心灵跳动。

2006 年 8 月 24 日，国际天文学联合会（IAU）① 第 26 届大会开幕了。来自 75 个国家的约 2500 位天文学家参加了这次盛会。会议的焦点仍是一部分天文学家对冥王星被划为行星感到不满。

发现者汤波博士在世时，IAU 组织没有公开对冥王星的地位提出异议，汤波在 1997 年去世后，公开的争论在 1999 年开始了，直到 2006 年 IAU 大会上作出界定。一个 7 人工作小组最初提出了一个草案，仍保留冥王星为第九大行星的地位。草案引发了与会者的激烈争论，一个欧洲天文学家占很大比例的小组，在会议上提出对这份草案的抵制。

经过大会讨论，决定给行星新的定义，认为只有符合以下三个条件的星体才能称为行星：①必须围绕太阳运转；②必须有足够的质量产生重力，压倒其他坚硬物体的组合力，使其呈圆球状；③必须是所在区域具有统治性的天体，能清除其轨道附近的其他物体。但是，对于不够上述新定义中的三个"必须"的条件者，只能命名为"矮行星"不能称为大行星。因为满足此定义的行星很多，否则大行星会越来越多，乱了规章。因冥王星是椭圆形轨道，轨迹倾斜，同更大的天体海王星轨道交叉，体积较小，所以按新定义，应将冥王星降格为"矮行星"（会上还对 1978 年和 2005 年美国人发现冥王星卫星卡戎和海王星外天体编号为 2003UB313 的行星审议为矮行星，也不是大行星）。

大会全体与会者经过热烈讨论，400 余名天文学家投票通过冥王星降级为"矮行星"，不再列入八大行星之后的第九个大行星（黄永明，2006）。

虽然大会通过了决定，冥王星地位降格，但是，争论是否尘埃落定？少数天文学家仍坚持反对的意见，如担任美国航空航天局（NASA）耗资 7 亿美元的"新地平线"飞船冥王星探测任务的负责人艾伦·斯特恩，痛斥 IAU 这次把冥王星降级的决定，并说该决定"让人不知所措"，认为新行星定义不科学。他说："具有类似想法的天文学家将致力于恢复冥王星地位。"另一方面，发现者的遗孀表示理解；占星家不在乎；NASA 的探测计划不受影响（李美旺，2006）。

看来，今后是否翻案，让我们拭目以待。目前人们尊重大会多数人的决定。科学真理在争论中闪光。天文学上的成就绝非智慧火花的闪烁，而是长期测算、深思熟虑、精细论证的结晶。

思考题 2 驰名中外的《九章算术》是我国古代数学最重要的经典名著之一，其中已有求一元二次方程 $ax^2+bx+c=0$ $(a\neq 0)$ 正根的解法。这里选出一

---

① 这个组织是命名天文学术语的正式机构，负责命名恒星、小行星和其他天体

题，请用现代方法来解。

今有邑方不知大小，各中开门。出北门二十步有木。出南门十四步，折而西行一千七百七十五步见木。问邑方几何？答曰：二百五十步。

译文：有一座正方形的城，不知大小，每边正中开有城门（图1-1）。出北门（C）直走20步（$BC = 20$步）有一棵树（B），出南门（F）直走14步（$FE = 14$步）后折向西走1775步（$ED = 1775$步），便可看见这棵树。问这座方城每边长多少？答：250步。

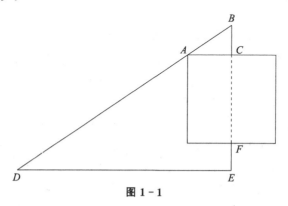

图1-1

1.3 神奇的兔子繁殖

先讲一个有趣的故事作为开场白或引子。

从前，有一位住店的商人买了一块肉，想请店家给他红烧来吃，但又担心店家偷吃，便把肉切成方方正正的32小块。

贪心的店家悄悄把每一小块肉切去一片。肉烧好了，商人数了一下，32块。一块不少。但仔细一看，每块肉都被"做了手脚"而变小了。于是，他给店家留"赠"了一首诗：

出兵三十二，回来十六双。

人马都还在，个个受刀伤！

从另一个角度思考，商人这一块肉，首次切成32块，又被店家切成64块，后次切去前次的2倍，若继续切下去，一块大肉将会变成无数小片了。

在自然界中，这种递加的变化有没有？看看下面有趣故事就知道了。

澳大利亚和新西兰本来是没有兔子的。

1859年，澳大利亚的墨尔本动物园为了供游人观赏，从国外引进了29只家兔。1864年的一天，动物园遭火灾，关兔的栅栏被烧毁，幸存的兔子逃了出来成了野兔，它们流落到澳大利亚的荒郊野外，毫无约束地繁殖，到20世纪初就以惊人的速度繁殖到 40 多亿只, 几乎遍布澳大利亚。它们到处打洞安家落户, 给树木生长带来危害, 更为严重的是导致了植被的破坏和水土流失。兔子为了生存, 偷吃庄稼, 与牛羊争食物草, 兔害成灾, 人民遭殃。据估计, 野兔每年给澳大利亚造成的直接经济损失超过 6 亿美元。当局号召有奖捕杀, 甚至耗费巨资安装几千公里长的防兔电网, 兔害仍不见减轻。

新西兰于 1838 年也引进兔子, 32 年就形成了兔灾。直到 1941 年, 国家出资建立了 "消灭野兔委员会", 统一指挥灭兔工作, 近年来兔灾才减轻。

谁也没想到, 因一次小小的失误, 让几只供观赏的兔子跑到草原, 竟给一个国家造成了灾难。

这些地区从实践中体悟了兔子繁殖的神奇速度问题。其实, 早在此前的 630 多年, 意大利有一位数学家就从理论上讨论了 "兔子繁殖" 的问题。

1. 前人种树　后人乘凉

数学理论往往是 "前人种树, 后人乘凉", 仅仅因为某种数学理论一时看不见它的 "立竿见影" 的实际应用, 就轻率地被加以否定是不对的。比如兔子自由繁殖问题, 意大利数学家斐波那契 (L. Fibonacci, 约 1175~1250) 早在 1202 年就给出了答案。

斐波那契生于意大利比萨, 原名叫莱昂纳多。后来发现此名与 15 世纪的一位大艺术家名字一样, 为了相区别, 就用他的绰号 "斐波那契" 更换姓名, 意思为 "波那契之子"。

斐波那契的父亲是一位商人, 曾任意大利一些大商行的海关管理人员。斐波那契早年跟随父亲到北非, 后来他游历了埃及、叙利亚、希腊、西西里岛、法国和阿拉伯港口, 拜访了一些学者。他每到一地, 都注意该国数学的发展情况, 通过广泛的学习、收集和认真研究, 熟练地掌握了各种计算技巧, 尤其是先进的印度-阿拉伯数字和算法。他发现各国算术体系无一能与印度-阿拉伯数字和算法相媲美。因此, 他立志要把它介绍到欧洲, 推动落后的欧洲大陆的数学发展。

1202 年回到比萨故居不久, 他写出了一部数学专著, 起名叫《算盘书》(不是中国的算盘, 是当时算术的代名词), 这部用拉丁文写的巨著被欧洲各国选做数学教材, 使用达 200 年之久。

斐波那契酷爱数学, 聪明过人, 他的才能深受当时欧洲普鲁士王国的国王腓德烈二世 (1194~1250) 的赏识。据记载: 国王听说他是声望很高的数学家, 特邀请他到宫廷为官员和市民讲授计算方法, 每年付给他薪金。斐波那契又是一位解题能手, 国王曾邀他到宫廷与来自欧洲的才子和数学家进行数学竞赛。

赛题由宫廷学者提出。如有一次提出三个问题：

第一道题为求一个数，使它的平方加 5 或减 5 后仍是平方数。

第二道题为求解三次方程 $x^3+2x^2+10x=20$。

第三道题是一道令人难一下子明白的绕口的应用题。

对于第一道题，参赛者还在紧皱双眉冥思苦想时，斐波那契就开始解答，他设所求数为 x，把问题转化为求代数式 x^2+5 和 x^2-5 都是平方数时的 x 值。他独创简捷方法求出了 $x=3\frac{5}{12}$。对于第二题他也很快解出。至于第三道题，在别人还未弄懂题意的情况下，他读一次就弄懂了，很快给出了答案。当他第一个交卷时，令在场的众多学者大为震惊。他获胜了。

由于斐波那契竞赛的胜利，他的数学才能与学识在当时欧洲没有人与他匹敌，他被誉为“中世纪最杰出的数学家”，成为 12、13 世纪欧洲数学明星。

《算盘书》在 1228 年的修订本中记载了很多有趣的问题，其中最著名的是两个问题，一个是等比数列问题[①]，后来用一首古老英国童谣传下来的数学诗题：

我赴圣地爱弗西，途遇妇女数有七，
一人七袋手中提，一袋七猫数整齐，
一猫七子紧相依，妇女布袋猫与子，
几何同时赴圣地。

另一个是“兔子繁殖问题”。

1250 年，斐波那契辞世了，以后的欧洲几百年间，由于连年战乱，欧洲数学家没有安定的社会环境研究数学，斐波那契留下的不朽著作暂时埋没在杀声震天的战乱之中，直到 300 年过去，人们才开始关注他留下的著作，并且对《算盘书》中一个貌似平凡，却隐含着一个伟大的理论的“兔子繁殖问题”产生浓厚的兴趣。这个问题他在书中写道：“有一个人想知道，一年内一对兔子可以繁殖成多少对兔子？于是筑了一道围墙，将一对兔子关在里面。已知一对兔子每个月可以生一对小兔，而一对兔子生下后第二个月就开始生小兔。假如一年内没有发生死亡，那么，一对兔子一年内可繁殖成多少对？”

现在，我们先来找出兔子繁殖的规律。成熟的一对兔子用“成”字表示，未成熟的一对小兔用“未”字表示。由题意可获得这个繁殖过程图如下：

---

① 原题及其演变趣话，详见徐品方．1997．数学诗歌题解．北京：中国青年出版社：232～237

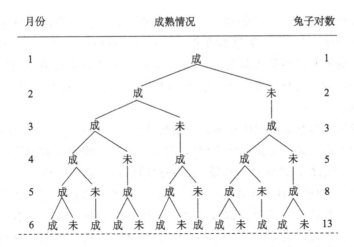

月份	成熟情况	兔子对数

事实上，这是一个理想化的"繁殖问题"。理论上假定"小兔不死"，以及每次出生的都是"雌雄"。

按问题所述，兔子如此繁衍，则得到 1～6 个月兔子的对数是

$$1，2，3，5，8，13$$

人们发现，上面这组数还有一个特征：从第三个数起，每一个数都是前面两个数的和。若按这个规律接着写下去，一直写到第 12 个月，就得

$$1，2，3，5，8，13，21，34，55，89，144，233，377$$

这就是说，在短短的 12 个月里，1 对兔子就能自由繁殖成 377 对。这是多么惊人的繁衍速度啊。野外兔灾也就不足为怪了。

若将上述数列前面加一项 1，就得到

$$1，1，2，3，5，8，13，21，34，55，\cdots$$

这是一个意义深远和伟大的奇妙数列。为纪念发现者的功绩，法国数学家鲁卡斯（E. Lucas，1842～1891）提议命名为"斐波那契数列"。

这个数列具有这样的规律：每一项等于前两项之和，并且前后项之和之比，越往后趋近于（极限）为黄金数 0.618，即

$$\frac{2}{3}，\frac{3}{5}，\frac{5}{8}，\frac{8}{13}，\frac{13}{21}，\cdots，0.618$$

2. 有生命的数列

斐波那契于 800 多年前发现的这个奇特的数列及其理论，在后来的科学技术中已被广泛应用，它在众多的自然现象中显露出它内在的"数学魅力"，恍然步入一个神奇的境界，隐含着大自然的内在规律。它是否是大自然生命之源的一部密码呢？直到今天，这个有生命的数列仍被科学家继续苦苦探索着。研究表明，这个数学理论已直接在几何学、代数学、集合论、数论、数值积分、计

算科学、最优化理论、现代物理、准晶体结构、化学、生物等多种学科中广泛应用。美国数学会从 1960 年起出版了《斐波那契季刊》杂志，专门刊载有关这个数列的性质及其应用的最新发现；1963 年成立了"斐波那契协会"继续团结研究这个神奇数字的全世界专家、学者，共同破译这个大自然生命之源的密码，为人类造福。

神奇数列在数学上的贡献很多，下面仅谈谈它在自然科学中的有趣现象。

生物学上有一条"鲁德维格定律"，实际就是"斐波那契数列"在动植物上的应用。20 世纪初，数学家泽林斯基在一次国际数学会议提出一个"树木生长问题"：如果一棵树苗在一年以后长出一条新枝，然后休息一年，在下一年又长出一条新枝，并且每一条树枝都按着这个规律长出新枝。这样，第一年只有主干，第二年有 2 枝，第三年有 3 枝，接下去是 5 枝、8 枝、13 枝……他把这些数列排列起来，恰好是"斐波那契数列"。

又如"雄蜂家族问题"。现在已经知道，雄蜂是由未受精卵孵化而成的，所以只有母亲；而雌蜂是由受精卵孵化的，所以有一父一母。科学家研究发现，一只雄蜂仅有一个母亲，没有父亲，所以两代的数目皆为 1；而这只雄蜂的母亲（雌蜂）必有一父一母，所以第三代的数目是 2；而第三代的雄蜂又仅仅有母亲，雌蜂则有一父一母，所以第四代的数目是 3，按照蜜蜂的这个繁殖规律，它们恰好形成一个斐波那契数列。

又如，著名的贾宪三角形（我国旧称"杨辉三角形"，国外叫帕斯卡三角形），如图 1-2 是二项式 $(a+b)^n$ 展开式的系数表。

将图 1-2 改写成图 1-3 的形式，就会发现，若将图 1-3 中虚线（称为"递升对角线"）上的数字相加，也会得到斐波那契数列。

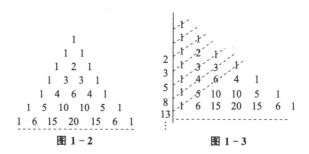

图 1-2　　　　　　　　　图 1-3

3. 衍生出许多趣题

神奇的斐波那契数列真是不可思议，它有意无意地把人们引入一个神奇的境界，不仅探索它的性质，寻觅它有生命的数字的秘密，而且还衍生出许多有趣的数学游戏题目，流传民间，磨炼青少年的毅力，启迪他们的才华，传递数的信息，期盼出现奇迹。

比如，利用斐波那契数列编造的数学游戏题，曾在美国一份有影响的《科学美国人》杂志（我国有中译本，刊名《科学》）上刊登过一则有趣的故事：世界著名的魔术家兰迪先生有一块边长是 13 分米的正方形地毯，他想把它改成 8 分米宽、21 分米长的长方形地毯。

他拿着这块地毯找到地毯匠奥马尔说："朋友，我想请你把这块地毯分成四块，再把它们缝在一起，成为一块 8 分米×21 分米的地毯。"

奥马尔听后摇摇头说："兰迪先生，十分遗憾。你是一位著名的魔术家，可是你的算术怎么会这样的差！$13×13=169$，而 $8×21=168$，这两者差 1 平方分米，这怎么能办到呢？"

兰迪笑笑说："亲爱的奥马尔，我可是从来不会错的，请你照着我画的图裁成 4 块（图 1-4），就可以拼出来了（图 1-5）。"

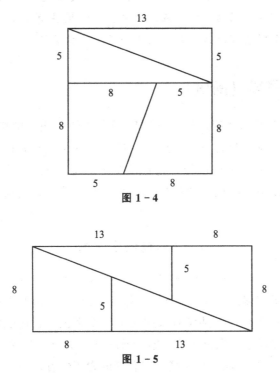

图 1-4

图 1-5

地毯匠照魔术师的图裁成 4 块，把它们重新摆成图 1-5。真的缝制出一块 8×21 的长方形地毯。

地毯匠很惊讶，他想："地毯面积由 169 平方分米缩小到 168 平方分米，那 1 平方分米跑到哪里去了呢？"

读者朋友，请您仔细观察图 1-4、图 1-5，您一定发现拼成长方形图 1-5

时，在对角线中段发生了微小的重叠，因而丢失了一个单位面积。

有趣的是，在裁地毯时出现了 4 个数 5，8，13，21，这正好是斐波那契数列中相邻的四个数。

神奇的斐波那契数列理论，竟有如此多的应用，它隐含着大自然的内在规律，被形形色色的现象所掩盖着。人类的认识还远远没有把握住它们，只发现一些凤毛麟角。这个数列宛如一条神奇的游龙若即若离，似有似无，时而在沉静里渺然无迹。研究过它的人，无不慨叹："知其然，不知其所以然！"对它的认识，目前仍是一个未知数，一个谜，不过总有一天，随着思维的升华，人类会居高临下，俯瞰这个数列的五彩缤纷的世界，人类将会看到一个"游龙戏水"的奇观。

思考题 3 斐波那契《算盘书》中有一道等比数列题："7 个老妇同赴罗马，每人有 7 匹骡，每匹骡驮 7 个袋，每个袋盛 7 个面包，每个面包带有 7 把刀，每把小刀带有 7 个刀鞘，问妇、骡、袋、面包、刀、鞘共有多少同赴罗马？"此题后来用一首古老英国童谣流传下来，见前面正文"数学诗题"。

1.4 千古无同局（围棋）

围棋是我国人民创造的，至今已有四千余年的历史。围棋爱好者都知道，围棋的棋局千变万化，自古以来，还几乎没有出现过完全相同的棋局，因此古人云："千古无同局。"围棋棋局究竟有多少变化呢？这是一个简单的计算排列总数问题。很早以前，我国有两位天文、数学家就曾进行过研究，计算得出了结果。

1. 从和尚到数学家

张遂（僧一行，683～727），是唐代的天文学家和数学家。他的祖父和父辈均在朝做官，得了许多封地。但武则天当女皇帝后，为限制唐初功臣、贵族的势力，下令收回封地，少年时代的张遂成了一个穷孩子，连吃饭都要靠别人救济。张遂从小就爱读书，勤奋用功，据《旧唐书》记载："一行少聪敏，博览经史，尤精历相。"他很快成为长安城小有名气的青年学者。

在张遂 21 岁那年，武则天的侄子武三思的家仆找上门来，要他与武三思结交。武三思是一个不学无术，靠阿谀奉承爬上梁王宝座的人；他仗势欺人，残害百姓，无恶不作，现在想借学者装潢门面，欲博取"礼贤下士"的美名。品性耿直、不阿权贵的张遂不愿结交权贵而往上爬，为了躲避武三思，张遂出家当了和尚，法名一行，后成为唐代高僧。

一行在佛门中继续研究天文和数学。他的记忆能力惊人。据传，一篇有数千字且字句怪僻的文章，他看过一遍之后，便能一字不漏地背诵出来。他曾"访求贤师，不远数千里"。例如，他听说浙江天台山有一和尚精通数学，就从河南步行上千里去拜师求教。后来，一行在天文、数学上研究出了名，得到了皇帝唐玄宗的礼遇，多次请他当大官，都被他拒绝了。鉴于当时的月食预报不准，他受命主持编制新历书《大衍历》，于唐开元十五年（727 年）草成，这是中国历史上优秀的历法之一。在编制《大衍历》的过程中，一行创立的"自变量不等间距二次内插法"是一项重要的数学成就。此外，他在编制《大衍历》中的其他数学成就还有三次差分、等差级数求和、二次方程求根公式等项，他还是世界上第一个实测子午线长度的人。为了纠正古书上记载：南北地隔千里，则 8 尺高竿在日影中影长相差一寸即"寸差千里"的错误说法，他组织了全国 12 个点的大地测量。他测得的子午线数据与现代数据只相差 11 公里多一点，是很了不起的杰出成就。

一行为人刚直不阿，奉公守法，不徇私情，有一次他竟敢向皇帝提出批评。又有一次，一行幼年时的邻居王老太太找他，要求一行搭救她犯有杀人死罪的儿子。当时的一行，在皇帝面前说话很有作用。因一行小时候得到过王老太太大量的周济，一行曾想方设法要报答王老太太。可是一行却对恩人说："如果你老人家需要金钱布匹，我可以十倍报答，但对此事，我不能徇私枉法。"老太太气愤地指着一行大骂说："认识你这样的人有什么用！"一行始终没答应她的要求。

僧一行的一生，是治学刻苦勤奋、品德高尚、学术成就卓越的一生。

有趣的是，他曾对围棋感兴趣，研究过棋局。在《心机算术话》一卷里，计算过围棋的"棋局都数"。围棋棋盘横直方 19 路，共有 $19 \times 19 = 361$ 个交叉点着子位置，每个位置都有布置黑子、白子、留空的三种不同情况，算作不同棋局，那么共有多少棋局呢？一行得出棋局总数一共有 3^{361} 种可能，其值有 769 位之多。一行是怎样算出来的，书中没有记载。他绝不是用大数阶乘公式计算出来的，因大数阶乘公式是欧洲数学家斯特林（J. Stirling，1692～1770）于 1730 年首次获得的，晚于一行一千年。

2. 棋盘上的数学

约四百年后，博学多才的北宋科学家沈括（1031～1095）数学成就很多，如从酒坛、积罂等堆垛实际中提出的高阶等差级数求和问题，他称为"隙积术"。"隙积"就是有空隙的堆垛；求圆面积公式的证明方法，他称为"割圆术"（圆内接正多边形，当边数逐次倍增逼近圆的原理）和"会圆术"，"会圆"如他说"凡圆田既能拆之，须使会之复圆"，意思说，既然把圆周分割成几段，那么就一定能把它们合起来复为圆。由此便引出来求弧长问题的方法，他称为"会圆术"。以及测算、对策、物理、天文、气象、工程技术、生物和医学等方面都作出了巨大贡献，写成号称"中国科学史上里程碑"的巨著《梦溪笔谈》。沈括读到一行的著作，发现"棋局都数"只有结论没有计算过程，引起了他的注意。

一天沈括遇朋友来访，非常高兴，便向朋友讲起一行大师只有结果没有计算过程的"棋局都数"说："我近来无事，便专心研究这个问题，终于研究出三种计算方法。现在已经算出来了，并找到了一个简单的方法，只是答数太大，如果用文字写，要连写 43 万个字！"

沈括究竟是怎样考虑的呢？他在《梦溪笔谈》第十八卷里收录了这个对运筹学、博弈学都有价值的计算棋局问题：

先看最简单的情形，如果围棋盘上只有纵横两路，那么我们称为"方二路"，有 4 个格点，每个格点上都有三种可能，即布置白子、黑子和留空，很明显，可变出 $3 \times 3 \times 3 \times 3 = 3^4 = 81$（局）。

同样的道理，"方三路"有 9 个格子，可变出：

$3 \times 3 \times 3 \times 3 \times 3 \times 3 \times 3 \times 3 \times 3 = 3^9 = 19683$（局）。

"方四路"有 16 个格点，可变出：$3^{16} = 43046721$（局）。

"方五路"可变出：$3^{25} = 847288609440$（局）。

"方六路"可变出：$3^{36} = 150094635282031926$（局）。

最后，"方十九路"，有 361 个格点，故可变出：$3^{361} = 1.74 \cdots \times 10^{172}$ 局不同棋局总数。因此，沈括认为，棋路总数大得很，"非世间名数可能言"（已有的名数都不够用）。

今天，学过对数的人，可以不费吹灰之力验证 900 多年前大科学家沈括的结论的正确性。令 $x = 3^{361}$，$\lg x = 361 \lg 3 \approx 361 \times 0.4771 = 172.2331$，查反对数表，$x \approx 1.71 \times 10^{172} = 1.71 \times (10^4)^{43}$。又因 10^4 是万，故棋局总数是连写 43 个万的 1.71 倍，真是大得很。

从理论上讲，上述结果是正确的。只是在实际下棋时，上述有些棋局不合棋理。但远在 11 世纪，沈括仅利用笨重且烦琐的算筹工具，居然能计算出如此庞大的数字，这不得不令人赞叹！

张遂、沈括不仅用数学证明了"千古无同局"的真理，而且灵巧地运用了指数运算法则 $a^m \cdot a^n = a^{m+n}$ 等数学原理，算出了这个巨大的天文数。

当时计算这样的排列总数，张、沈二公的计算方法绝不是用传统的普通方法（包括对数运算，对数是 17 世纪才发现的），显然，是按某种规律求出的。令人遗憾，先辈们没有记录下来。如果我们设想这个问题用现代每秒钟运行 1

亿次的电子计算机来算，3 台这样的计算机每年也只能运行 10^{16} 次，这就是说需要 10^{156} 年。9 位数为 1 亿，则 10^{156} 有 157 位数，故约要 17.4 亿年才能运算的次数达到 3^{361}。因此对"棋局都数"的计算来说，可以说是我国古代计算技术的巧妙性和先进性的证明。

许多读者也许喜欢下棋，但除了"纹枰对座，从容谈兵"外，又有谁能想到还有上面这些有趣的问题呢？

沈括成绩斐然，晚年坎坷。

沈括的父亲做过地方官吏，母亲知书达理。他 10 岁时就懂得同情农民起义，14 岁读完家中藏书。少年时代随父亲到过各地州，长大后当过官，最后为掌管全国财政的大官。

沈括参加王安石变法运动，失败后被贬官、软禁，最后被罢官革职为平民，曾制作过河北立体模型，比欧洲早 700 年。

约 1088 年，在他 57 岁时，回到他早年在润州（今江苏镇江）购置的"梦溪园"，深居简出，闭门谢客，潜心著述，举平生见闻，写出了闻名中外的科学巨著《梦溪笔谈》。该书就有 200 多条论述自然科学的记载，内容涉及数学、物理学、化学、天文学、地质学、地理学、气象学、工程技术、生物学和医学。

沈括一生坎坷，老年家庭生活不幸，隐居梦溪读书写作。他有时泉上垂钓，有时湖中泛舟，有时竹林静坐，过着清幽恬适的晚年生活。他把琴、棋、禅、墨、丹、茶、吟、谈、酒当作好友，称为"九客"。

但沈括老年多病，又常遭续（后）妻张氏欺侮，甚至打骂，又被多人排挤，心境不好，病中骨瘦如柴。有一次乘船过江，差一点掉入江中，幸亏旁边的人把他拉住，才没落水。65 岁在梦溪逝世。

沈括的科学成就极大，日本数学家三上义夫在《中国算学之特色》中称："日本的数学家没有一个比得上沈括……沈括这样的人物，在全世界数学史上找不到，唯有中国出了这一个人。"英国科技史学家李约瑟在《中国科学技术史》（第三卷）中说："沈括可算是中国整部科学史中最卓越的人物。"并把《梦溪笔谈》一书誉为"中国科学史上的坐标"。

沈括的故居"梦溪园"址，今天已修葺一新，并辟为游览胜地，供人们永远缅怀这位爱国的政治家、伟大的科学家、杰出的数学家。

思考题 4　有一块牧场上的草长得一样密，一样快。已知 70 头牛在 24 天里把草吃完；而 30 头牛，在 60 天里把草吃完；如果需要在 96 天内把牧场的草吃完，问牛该是多少头？

提示：本题中牧场原有草量是多少？每天能生长多少？每头牛一天吃草量是多少？若这三个参变量用 a、b、c 表示，再设所求牛的头数为 x，列出三个方程组成的方程组，便可巧解本题。

1.5 算盘的命运如何

苏轼的《东坡志林》中有一个"海屋添筹"的成语故事：

古代，有几位老寿星相会，彼此就问年龄多大。一个说："我的年龄记不清楚了，只记得小的时候和盘古王做过朋友。"

另一个说："沧海变桑田一次，我就用一个筹码记下，现在我的筹码已经堆满一间房子了。"

这个故事说明人类社会的历史不知有多少年，也用"海屋添筹"表示祝贺长寿之意。

说到"筹码"，又叫"算筹"，我国用筹记数从何开始。

大家知道，我国远古是用结绳和刻划记数。《老子》（今传之书是战国时作品，即公元前475～前221）说"善数不用筹策"（会计算的人可以不用筹，用心算即可），这说明在春秋末年以前，使用算筹记数。"算筹"是用几寸长小竹棍（木、骨或铁材料）制成的计数（算）工具。筹码在我国使用了大约2000年，逐渐被算盘代替。所以，我国古代筹算向珠算过渡，两者相互影响下长期共存达千年，直到明代中叶（公元16世纪），筹算工具才逐渐退出历史舞台，被珠算盘代替。那么，珠算算盘在今天电子计算机（器）时代的命运又怎样呢？

我国著名的歌词作家乔羽，为一部电视剧写了一首《算盘歌》，颇耐人寻味，抄录如下：

> 下面你当一，上面你当五。
> 一盘小小算珠，把世界算得清清楚楚。
> 哪家贪赃枉法，哪家洁白清苦，
> 俺叫你心里有个数。
> 三下五去二，二一添作五，
> 天下有几多风云，人间有几多祸福。
> 君知否，这世界缺不了加减乘除。

随着科学技术的发展，昔日在银行、储蓄所和企事业单位财务部门缭绕的算盘"噼啪"声，被电脑键盘的"嗒嗒"声所取代。如今电脑已经进入了家庭，更不用说计算器的普及程度，古老的运算工具——算盘，将会是怎样的命运呢？

1. 蔓延五洲的新文化

珠算算盘是我国古代劳动人民集体创造发明的，从元、明代相继传入日本、朝鲜、泰国和东南亚地区后，近些年，空前地传入美国、巴西、法国、墨西哥、加拿大、埃及、印度、新加坡、马来西亚、印度尼西亚、坦桑尼亚等国家和地区，在当地的工商界、金融界都掀起珠算热。

1980 年 8 月，中国、日本、美国、巴西等国的珠算教育工作者代表联合签署《国际珠算教育者会议宣言》，中国、日本、美国三国珠算组织正式发起成立国际珠算协会，有几十个国家要求加入。

据报载：在电脑业高度发达的美国，珠算被作为"新文化"引进，在加利福尼亚州的露天广场上建起了一个世界上最大的算盘。在加利福尼亚大学还成立了"美国珠算教育中心"。美国派人去日本学习珠算，以高薪聘请日本珠算专家到美国传经授艺。1984 年 3 月，美国国防部召集海外学校的最优高中生 30 名，在日本开办珠算特别研究会。

现代电子计算机时代，算盘会不会进博物馆呢？1962 年，第一台电子计算机进入日本时，日本社会上有人说算盘该淘汰了。当时还出版了一本名为《算盘，再见吧》的书，后来据日本报纸统计：在日本，尽管计算机已普及推广使用，但仍有 83％的计算是由算盘进行的。大量生产和出口计算机的松下电器公司，规定它的职员必须学会使用算盘，并达到一定水平。一般人在就业填写履历表时，必须填写珠算技术鉴定情况，低者不被录用。为了适应市场经济、就业等需要，日本全国约有 5 万所珠算补习学校，参加珠算技术高级合格证考试的人数已达 600 万人。据说，日本的女子出嫁前，父亲要送女儿去学会珠算才能嫁人。因此，日本不但没有同算盘"拜拜"，相反，有人称日本"现在是算盘的黄金时代，全盛时期"。

珠算在西欧、东南亚和拉美地区也十分走红，如墨西哥在许多高校设立珠算博士学位；位于南太平洋的汤加王国的国王算得上是世界上职务最高的珠算教师了，他在做王子时就从日本购买了大批算盘，后来当了国王，他还亲自给国民讲珠算课，普及珠算教育。

西欧和东南亚一些国家的工商、金融界招聘工作人员时，要求应聘者有珠算技术的等级证书，或当场进行珠算考核。

2. 超越运算的创造力

西方一些专家指出，东方人在计算技巧方面优于西方人，这是因为他们经常进行一种手、眼、脑并用的运动——利用算盘进行珠算。科学家认为，人脑中与手指相连的神经区域面积较大，经常进行珠算必然刺激这部分神经，从而促进脑力发展，提高智力水准。

据美国一个州的报刊报道，许多现代美国人计算诸如 18 加 9 一类的算式，都要用计算器才能算出来，这是高度现代化带来的问题。欧美一些有识之士呼吁：西方人的计算能力已经比使用算盘的东方人要迟钝，如不迅速加强珠算训练，而一味依赖电脑，那么还将进一步退化。

现在美国许多州已不允许小学生使用计算器，在加利福尼亚州已有 80％的小学设置了珠算课；在日本，每年都要举行全国和地方性的珠算技术比赛和学术交流活动，并派人来我国学习，交流新的算理、算法。

在许多西方人的眼里，算盘成了提高智力的工具，珠算已大大超越了算数的范畴。

外国人喜欢把算盘称作"生态计算机"，因为算盘携带方便，无须用电，不会产生辐射，也不会受到任何病毒的侵害，可谓是环保产品。

3. 炎黄子孙的再辉煌

算盘是中国发明的。其实在埃及、巴比伦、印度、希腊、罗马等文明古国，也曾出现过原始的算盘和珠算，但是，计数制的不完善；算法的笨拙；又加上他们很早就使用笔算，满足了计算的需要；特别是西方人没有九九乘法口诀，我国文字大都一字一音，编成口诀，顺口流利，外文一字数音，不便口诀化；因此，古代西方除个别国家外，算盘很早就被淘汰而消亡了，只有中国算盘以其强大生命力在历史洪流中盛行不衰，并影响世人。

日本民间把我国《算法统宗》（1592 年）的作者程大位奉为"算神"，每年 8 月 8 日定为"算盘节"，人们在这一天要抬着大算盘和程大位的画像游行，以表示对这位珠算大师的崇敬。

我国在珠算普及、推广、教育、等级鉴定、学术交流、算理、算法等各方面，从 20 世纪 80 年代以来是历史上鼎盛时期，你也许想不到，我国 20 世纪 60 年代研制原子弹时，大量的计算就是通过算盘完成的。全国各地、各级珠算协会组织的各项珠算活动空前繁荣。

可以预言，算盘这一我国古老的文化珍品将更加焕发出新的夺目异彩。

4. 珠算、算盘诞生的争论

筹算在我国使用了大约 2000 年，我国古代数学在数值计算方面取得了辉煌成就，大都借助算筹与筹算取得的，功不可没。

但自唐中叶至宋元时期，我国学者不断改革筹算，从实践中创造了许多乘除简捷算法和口诀，觉得嘴念口诀计算很快，用手摆弄算筹很慢，得心却不能应手。于是迫切需要创造新的计算工具，这是科学研究必由之路。因此，珠算盘应运而生。

珠算是研究和运用算盘系统的科学技术，运用算盘进行四则运算等的数值计算方法，叫做珠算。

我国珠算盘是在珠算之后发明的，那么珠算盘是何时产生的？意见纷纭，莫衷一是，如说南北朝北周甄鸾注《数术记遗》（6 世纪）产生的，但该书中的珠算，算珠不穿档，且无口诀，实际上不如用小棍的算筹方便的筹算；又如说是北宋著名画家张择端绘《清明上河图》（12 世纪）上的算盘，许多人认为画上是装钱之盘、是书、是信笺……实难辨认。目前大多认为使用口诀并取代算筹为主要工具的珠算盘的最早记载，"似乎可推溯到元朝末年（14 世纪中叶）。在阳宗仪所著《辍耕录》（1366 年）一段中有记载……"[①]。因此，珠算盘产生于元代末年以后。

但在 2007 年出版的李培业《中国珠算史》一书中说："现代有档穿珠的算盘产生于唐代（7～10 世纪）。"若真如此，珠算盘产生时间则至少提早 500 年。

起源于中国的珠算、算盘功不可没，古今一些人写了许多赞扬珠算的诗，如南宋张孝祥（1132～1169）在《于湖居士文集》卷八赞道：

> 堤封连岭海，风土似江吴。
>
> 仙去山藏乳，商归计算珠。

这里"商归计算珠"即商人生意回家用算盘记账。这证明宋朝已有算盘。

宋末元初刘因（1249～1293）在《静修先生文集》写了一首题为"算盘"的诗：

> 不作瓮商舞，休停饼氏歌。
>
> 执筹仍蔽篓，辛苦欲如何。

有趣的是，珠算在传入日本，在中日两国和尚的诗文中，发现有"走珠盘"、"走盘珠"和"珠走盘"的用语，也可证明南宋已有算盘的旁证。

例如，生于中国福州的大鉴（一毛）禅师（1274～1339）写的《弹居集·隆藏重游岳》中有算盘：

> 一毛类上光明藏，百亿毛头珠走盘。
>
> 七十二峰靴袋里，归来抖擞与人看。

日本禅宗僧侣雪村友梅禅师（1290～1346），18 岁到中国游学，1329 年回国，在《嵯峨集》里有二诗：

> 其一
>
> 机前透出走盘珠，棱角犹存在半途。
>
> 欲议普门其境界，无力无得亦无无。

---

① 李俨，杜石然.1964.中国古代数学简史.下册.北京：中华书局出版社：241～242

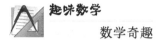

其二

大人行处著盘珠，影迹何曾略有物。

一拨盘中珠车出，清光洞照刹尘区。

日本人此山妙在禅师（1296～1377）在《若木集·维那游方》诗中写道：

百千分作一文珠，迦叶如何槟得渴。

脚前脚后通活路，全机却似走盘珠。

5. 珠算发明权之争

现代算盘是中国发明的早为事实，然而却出现了"发明权之争"的一段小插曲。1954 年，日本崎与右门博士著《东西算盘变迁及发达史论》一书，日本珠算史研究会会长铃木久男教授《珠算之历史》等论文，都认为中国算盘同欧洲的沟算盘同一体系，中国在公元前同罗马帝国有贸易往来，由此推断说中国算盘是从罗马传入的，这一论点在国外学术界引起了一片混乱。这也是数学史上一个失误。

针对中国算盘发明权的重大原则问题，我国当代著名的珠算史家华印椿（1895～1990）在我国数学家、珠算家余介石（1901～1968）研究的基础上，各方考证，于 1979 年发表著名论文"论中国算盘的独创性"，用翔实的史料，雄辩地论述了中国算盘的独创性，旗帜鲜明地指出，中国算盘不是来自西方，也与罗马沟算盘没有一点联系。华印椿的论文的发表，在国内外引起了很大反响。嗣后，日本珠算界公开纠正了他们的"中国算盘西来说"的论点，肯定了算盘是中国发明的。美国数学史学家萨顿（G. Sarton，1844～1956）早就认为：算盘是中国人独立创造的。目前，日本《珠算大事典》称："我们今天所使用的算盘，是中国所发明的，这一点几乎是确定的事实。"甚至有人称"它可以和中国的四大发明"相提并论。的确，算盘是中国人发明的，它为世界各国计算工具的改革提供了借鉴和智慧。

近来，我国推行财务电算化，有人说"中国会计将告别算盘"。珠算是否被淘汰，算盘是否送进博物馆呢？对于算盘的命运，笔者认为不会淘汰的。推行财务电算化，采用电脑处理会计业务是正确的，但电脑（含计算器）不能代替珠算，因为算盘有以下功能：

（1）计算功能。在银行、企事业等财经计算中，加减法的运算占所有计算量的绝大部分。实验证明，珠算加减运算速度明显优于计算机（器）。因计算机（器）运算时，每个符号都需要或上或下按键，比算盘程序慢。

至于珠算的教育功能，也不能用计算机代替。因为，珠算有利于提高儿童智力，启发思维，广开智慧，对学生形成数的概念、理解掌握运算法则、定律、提高口算和笔算能力等都有积极作用。在没有其他优良工具出现前，珠算仍是一项优秀的工具。

（2）输入（出）审查（核对）功能。为保证输入电子计算机的数目正确，输入前会计要对凭证细数和总数进行珠算审查。输出核对一样要用珠算核对，以确保正确无误。

此外，有一些会计内部账务量小，若使用电子计算机犹如用大炮打蚊子，不如珠算灵活、简便。

笔者认为，珠算与电脑计算在财务中各司其职，相辅相补，长期共存，就像汽车和自行车一样，不能互相取代对方。因此，珠算不会退出计算的历史舞台。

6.“珠心算”教育的诞生

当今，珠算已列为我国非物质文化遗产目录了。

我国的珠算教育历史悠久。1955 年江西宜春县的实验小学，在教珠算时与口算、笔算结合起来，1959 年《江西教育》（小学版）第 9 期 17 页，发表了“口算、笔算、珠算三结合”的总结性文章，这是我国倡导的“三算结合”的萌芽。

20 世纪 60 年代，不少地方废除口诀教珠算试验，经过多次试验，总结出了一套“三算”结合教学法，从小学一年级起，利用算盘帮助学生认数和计算，把口算、笔算、珠算同步进行教学，即以口算为基础，笔算为主体，珠算为工具，把口算、笔算、珠算有机地结合在一起，各展其长，交替运用，互相促进，促使儿童手脑并用，使抽象的演算形象化。

因此，“三算结合教学法”是我国首创的，具有中国特色的小学数学教学体系的教学方法，引起了世界各国珠算界的重视。

“口算”原称“心算”，日本称为“暗算”。实际上，“心算”就是“脑算”，不用列式，不用工具，通过人脑计算直接得出结果。

后来，我国在“三算结合”的基础上，又发展成为现代更先进的“珠心算教育活动”。例如，$12+12-24+13-12+18+25-33$ 等于多少？若笔算上式，大概要算上几十秒的时间。如果用计算器来算，最少也需要 10 秒。但若用“珠心算”却比计算器还快。因此，先进的、快速的“珠心算”又闻名于世界。

传统的珠算中的加减乘除运算全部靠口诀拨珠来完成，而“珠心算”不用算盘，不用口诀，不列竖式，脑子里有一种珠算的形象，依据一定的规律，通过人脑思维计算很快地直接得出结果。

从此，“珠心算”代替了“三算结合”。

“珠心算”都有一套完整的学习模式，我国（含台湾省）、日本和东南亚等国家，都有一些培训机构相应地编有培训的教学教材。

例如，1996年徐思众编写的《中国珠算心算大全》一书畅销于中国和东南亚各国，有些教育机构都以这本书为范本进行珠心算的教学，取得了可喜成绩。

"珠心算"能够让孩子左右脑的功能得到早期开发。我们在电视或竞赛场所曾看见一些少年"神算子"的表演，令人吃惊。

我国的计算技术，从珠算到三算结合，再到珠心算发展的历程，成为世界上先进的计算技术之一。

思考题5 程大位《算法统宗》书中，有一道反映老寿星的算术诗题：

有一公公不记年，手持竹杖在门前。

借问公公年几岁，家中数目记分明。

一两八铢泥弹子，每岁盘中放一九。

日久岁深经雨浸，总然化作一泥团。

称重八斤零八两，加减方知得几年。

请计算老寿星有多少岁了？

注：诗题中的"铢"是古代质量单位。1两＝24铢，旧制1斤＝16两。

1.6 揭开蜂房的秘密

有一个蜘蛛织网的故事。

19世纪末期，法国的昆虫学家法布尔观察研究了各种类型的蜘蛛，写了一本《蜘蛛的故事》，详细介绍了他观察研究到的蜘蛛的生活习性，并且提出了一些吸引人去思考的问题，蜘蛛织的网就是其中一个，见图1-6。

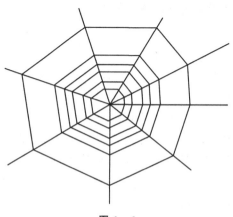

图1-6

你看，蜘蛛织的网近似地像一个有一个圆心的"圆"，严格地说，它又不是一个圆，而像一个八卦形。蜘蛛织的网由圆心（中心）向外辐射的相邻半径间的两段蛛丝，不是同心弧，而是平行的线段。它们的距离并不相等，越接近中心越密。

此外，每一向横条蛛丝与主要辐射向外的蛛丝相交所成的角都相等，这与平面几何上"平行线的同位相等"类似。

综上所述，蜘蛛织的网，是一幅奇妙的图形，人们即使用直尺和圆规也难把它画得匀称的美。这种神奇的网形，使数学家联想到一种中学数学书上就可以看到的几何曲线，类似"对数螺线"。蜘蛛是昆虫，当然不懂几何图案，它们关切的是此"网"能否网住飞虫。

它是用什么"工具"，在织网的时候沿着什么无穷曲线进行。法布尔向人们提出来了，要求大家探讨蜘蛛织图的"数学头脑"。这在今天仍是一个待揭之谜。

无独有偶，另一种令人类喜欢的昆虫"蜜蜂"，它们所制造的正六边形蜂房，为什么最符合数学上省材料、容量大的建筑设计，从古至今，数学家不停地研究，取得了一些可喜的成就，下面就来介绍。

生机盎然的大自然千姿百态，引人入胜，你看那不知疲倦的蜜蜂，白天在万花丛中博采花汁，夜晚还要不停地加工酿造甜蜜，从事"甜蜜的事业"。据说，一只蜜蜂，要酿造 1 公斤蜜，必须在 100 万朵花上采集原料。假如采蜜的花丛远离蜂房的距离平均是 1.5 公里，那么，蜜蜂采 1 公斤的蜜，就得飞上 45 万公里，差不多等于蜜蜂绕地球赤道飞行 11 圈。正是，没有蜜蜂的辛劳，哪有香甜的蜂蜜。

蜜蜂是蜂蜜和蜂乳的酿造者，又是效率很高的花粉传播者。可是，你曾否知道，它还是生物界里出色的天才的"建筑师"哩！

1. 谁最早发现蜂房建筑

古希腊著名数学家帕普斯（Pappus，活动于 300～350 年左右）是希腊晚期亚历山大学派最后一位几何学家，他早在 1600 多年前就提出蜜蜂居住的房子为什么由许多六角形组成的问题。他在《数学汇编》八大卷的名著第五卷前面写了一个序言，提出了一个十分新颖、奇特的蜂房结构问题，把蜜蜂的机敏描述得十分淋漓尽致："上帝将最好和最完美的智慧和数学思维赋予人类，同时也分一部分给某些无理智的动物，使它们有维持生命的本能……最令人惊叹的是蜜蜂……蜂房是蜂蜜的容器，它是许许多多相同的六棱柱形，一个挨着一个，中间没有一点空隙。这种设计的优点是避免杂物的掺入，弄脏了这些纯洁的产品。蜜蜂希望有匀称规则的图案，也就是要等边等角的图形……铺满整个平面区域的正多边形一共只有三种：正三角形、正方形和正六边形。蜜蜂凭着本能的智慧选择了角最多的六边形。因为使用同样多的材料，正六边形比正三角形和正方形具有更大的面积，从而可储藏更多的蜜。人的智慧比蜜蜂更胜一筹，我们能够研究更一般的问题，知道在周界相等的正多边形中，角越多面积就越大。周界相同，面积最大的平面图形是圆。"

蜜蜂用蜂蜡造起来的蜂巢（图 1 - 7）是一座既轻巧又坚固，既美观又实用的宏伟建筑。为什么蜜蜂本能的智慧选择了六角形？我们可以用简单的数学方法证明。假设周界长为 12，根据面积公式容易算出：

正三角形面积：$\frac{1}{2} \times 4 \times 2 \sqrt{3} = 4 \sqrt{3} \approx 6.928$；

正方形面积：$3 \times 3 = 9$；

正六边形面积：$6 \times \left(\frac{1}{2} \times 2 \times \sqrt{3} \right) = 6 \sqrt{3} \approx 10.392$。

显然，正六边形的面积最大，从而储藏的蜂蜜更多。

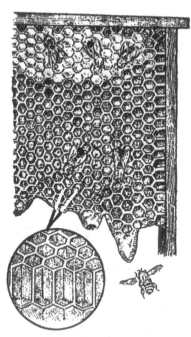

图 1 - 7

著名生物学家达尔文说得好："蜂房的精巧构造十分符合需要，如果一个人看到蜂房而不倍加赞扬，那他一定是个糊涂虫。"

当代著名数学家华罗庚（1910～1985）教授也曾对蜂房十分关注，1979 年

1月，出版了《谈谈与蜂房结构的有关数学问题》一书。1963年10月，秋高气爽，华教授到南京视察，应南京师范大学附属中学之邀，向学校师生作了一次科普报告，报告从蜂房开场白对蜂房作了形象的描绘："如果把蜜蜂放大为人体的大小，蜂箱就会成为一个悬挂在几乎达20公顷（1公顷＝10 000平方米）的天顶上的密集的立体市镇。当一道微弱的光线从这个市镇的一边射来，人们看到由高到低悬挂着一排排一列列50层高的建筑物。"又说："在每一排建筑物上，整整齐齐地排列着薄墙围成的成千上万个正六角形的蜂房。难怪人们把蜂房誉为'自然界的奇异建筑'。"

2. 蜜蜂的数学才华

蜜蜂是天才的建筑师，在蜂房的建造中，蜜蜂显示了惊人的数学才华。

翻开科学史书，就会发现许多著名学者对蜂房巧妙奇特的结构进行过细致的观察和研究。

蜂巢看上去好像是由成千上万个六棱柱紧密排列成的。从正面看过去，的确是这样，它们都是排列整齐的正六边形。但是，就一个蜂房而言，并非完全是六棱柱形，它的侧壁是六棱柱的侧面，但棱柱的底面是由三个全等菱形组成的倒角锥面，可以称为"尖顶六棱柱"（图1-8）。两排这样的蜂房底部和底部相嵌接，就排成了紧密无间但互不相通的蜂巢。

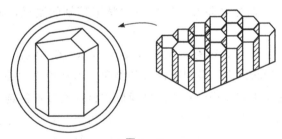

图 1-8

16世纪，著名的天文学家开普勒也曾指出：这样充满空间的对称蜂房的角，应该和菱形12面体的角一样。

18世纪初，生于意大利的法国天文学家马拉尔迪（C. F. Maraldi）是将蜂房结构问题正式提出来的第一个人。他在《蜜蜂的观察》（1712年）一书中，指出蜂巢底菱形的钝角是109°28′，锐角是70°32′（图1-9）。这些数值是怎样得出来的？没有说明，后人疑问重重。有人说是实测的结果，但有人不同意地说："试想，在钟表面上，分针1分钟走过的角度是6°，1秒钟走过6′，测量精度要达到2′，相当于1/3秒分针所走过的角度。当时的技术水平是办不到的，何况实际的情形要复杂得多，一个巢还没有小手指头大，又不是理想的几何体，各个菱形的角并不是绝对相等。"因此，实测之说难以成立。又有人说，马拉尔迪是从某种理论推出来的，但也无法可知。总之，怎样求出109°28′与70°32′至今还是一个谜。

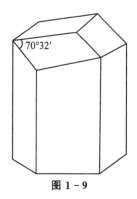

图 1 - 9

又过了许多年，有一位法国物理学家雷奥米尔（Réaumur，1683～1757）认为，蜂房的结构绝非偶然现象，他提出一个猜想：用这样的角度来建造蜂房，可能是相同的容积中最省材料的建筑结构。为了证实这个猜想，雷氏请教巴黎科学院院士、瑞士数学家柯尼希（J. S. Koenig，1712～1757）。柯尼希计算的结果令人非常吃惊，据他理论上的计算，建筑同样大的容积，而用材最省的蜂房，房底菱形角应是109°26′和70°34′。

马拉尔迪与柯尼希的数值出现了两分之差，人们认为这个误差是允许的，柯尼希甚至说蜜蜂解决了超出古典几何范围而属于牛顿、莱布尼茨微积分的问题，但他的计算始终没有发表，只是在法国《科学院文集》（1739 年）上刊登了一个简介，至今还不知他用什么方法算出的。

3. 探寻两分之差原因

科学是严谨的，两分之差并没有放过数学家精细的眼光，他们要弄个水落石出。

30 年以后的 1743 年，英格兰数学家麦克劳林（C. Maclaurin，1698～1746）重新燃起研究蜂房形状之火，得到更惊人的结果。他在论文"关于存放蜂蜜的巢室的底部"中，完全用初等几何方法，得到最省材料的菱形的钝角是109°28′16″，锐角是 70°31′44″，和马拉尔迪与雷奥米尔的猜想值一致。麦克劳林的论文流传下来了，方法非常巧妙，虽然冗长一点，但也不算复杂且富有独创性。后来，精细的数学家不嫌麻烦地寻觅两分误差的原因。他们根据麦克劳林留下来的证明方法发现，这两分之差，既不是蜜蜂不准，也不是数学家柯尼希算错了，而是柯尼希在计算$\sqrt{2}$的反三角函数时搞错了，但这不是他的过错，而是他计算时所使用的对数表有一个印刷错误，导致两分之差，正确的应是 109°28′与70°32′。

无独有偶，我国出版的《知识就是力量》杂志，于 1956 年 7 月号第 37 页有一篇文章介绍说：这张对数表的错误，还曾使一只船遇难，因为当时的船长也是用这张表来计算经度的。唉！弄错一个很小的数，竟出了人命。

错误和挫折丰富了后来数学家的智慧，使人更精细了。

4. 待揭之谜

众所周知，科学越向前发展，也就越能直接地认识和了解以前的结论，这些结论在过去都要通过许多冗长的中间环节的研究，才能被认识表述清楚。

由于认识的不断深化，关于蜂房问题的进一步思考的话，至今还出现许多千古之谜。例如，蜜蜂怎样会造出这样的角度来？帕普斯认为造六角形的巢，是出于一种"几何的深谋远虑"，这种解释说服力差，其实，这只是动物的本能。

其次这种尖锥六棱柱形状的蜂房，当它的容积一定时，数学家的研究中没有考虑六棱柱底面边长 a 和它的高度 h（蜂巢的深度）是多少时，蜂房的表面积才最小。

我们可以进一步运用数学工具推求出，设容积为 V，问 a、h 何值时，"尖顶六棱柱"表面积（不算底面）最小？计算结果是 $a=\sqrt{2}h$，a 反而比 h 大，也就是说蜂房是一个粗而浅的尖顶六棱柱。这个结果是纯数学推出来的理论值，它与蜂房的实际情况不相符合。实际测量一下，便知道蜂房形状和这个理论值相差很远，a 与 h 的比值要比 $\sqrt{2}$ 小得多。这是因为蜂房必须适合于蜜蜂自身的需要，它必须把头伸进蜂房吐入蜜液，还要把脚和尾伸进去卸下采来的花粉；对用来育种的蜂房，蜂王产卵先要把头伸进蜂房去检查一番，再把尾部伸进去；工蜂喂幼虫还要把头伸进去；还有便于储藏蜂蜜，使它不容易淌出来。蜂房必须保证这些动作、功能能够完成而无妨碍。最重要的是幼蜂（幼虫）必须一只蜂占一格，在其中孵化到长成，然后咬破蜡门而出。这就必须考虑幼蜂的"身长"和"体粗"。可知，蜂巢的构造并不单纯为了节省材料。所以，在进一步研究这个新矛盾时，它不仅仅是数学的问题，而是与生物体统一在一起的问题。这是至今仍有待研究的一个谜。

还有，将两个尖顶六棱柱口对口接起来形成一个有规则的多面体，许多这种多面体可以填满一个空间区域，又如口对口对接还可以构造成菱形十二面体，蜜蜂是怎样选出这些具有某种角度的多面体？至今也是一个谜。

伟大的马克思说过："蜜蜂建筑蜂房的本领使人间的许多建筑师感到惭愧。但是，最蹩脚的建筑师从一开始就比最灵巧的蜜蜂高明的地方，是他在用蜂蜡建筑蜂房以前，已经在自己的头脑中把它建成了。劳动过程结束时得到的结果，在这个过程开始时就已经在劳动者的表象中存在着，即已经观念地存在着。"这段话对昆虫的本能和人类的思维的区别，即人类同其他动物的本质区别，作了最透彻的阐明。

人们对蜂房奇妙结构的奥秘，不仅仅是探索认识其中规律，而且是从中得到启发，在工程中设计各种轻巧而坚固的类似于蜂窝结构，特别是航空与航天工业，应用更广泛，它对减轻飞行器结构重量、改善外形、减少应用力集中、增加疲劳寿命、消音、降低生产成本等都有很大的价值。

5. 拯救蜜蜂

前面集中介绍了蜂房的秘密的问题后，本该结束，但是，笔者最近读到于颖写的一篇文章：过去十几年来蜂群数量骤减，"紧急追缉'杀蜂凶手'"（发表在 2011 年 3 月 29 日的《文汇报》上）。

我们认为这个问题很重要，应向广大读者传递这个最新的研究信息，特别增加一节，摘录介绍该文的论据论点。

文章开头引录了伟大的物理学家爱因斯坦曾经的预言，"如果有一天，世上没有了蜜蜂，人类最多只能存活 4 年"，因为"没有蜜蜂，就没有授粉，就没有植物，就没有动物，就没有人类"。显然，文章高度重视蜜蜂的重要作用。因此，"就整个食物链来说，蜜蜂与人类的生产、生活密切相关"。

当代，为什么要提出紧急追缉"杀蜂凶手"，保护蜜蜂的"生存权与发展权"呢？该文作者说："除了玉米、小麦、大米等主食是靠风授粉以外，全球三分之一的农作物依赖动物授粉，其中 $80\%\sim90\%$ 的工作量由人类饲养的蜜蜂完成。蜜蜂在保持作物多样性和生态平衡方面有着不容小觑的作用。"

文章说，然而，世界各地发生蜜蜂离奇失踪，大量死亡的案例骤增，"欧洲每年有近五分之一的蜜蜂消失，类似的现象还发生在拉美和亚洲"。

是什么原因造成蜜蜂大量消失呢？2006 年以来，科学家开始寻找"蜂群衰竭失调"的原因，"学者们倾向于认为，这是众多'凶手'协同'作案'的结果。包括农药、化肥的使用，电磁辐射的干扰，以及环境的变化等"。比如说农药，各种杀虫剂混合的杀伤力（单独一种药性不足致死）；"遍布各地的电网和电磁辐射会让蜂群找不到回巢的路"而失踪，因为科研人员发现"蜜蜂本身有着非常精巧的导航系统。它们成群结队借着'摇摆舞'互相进行沟通"。一旦受到电网和电磁辐射的干扰，丧失功能，各自飞散、失踪。

因此，面对现代发生蜂群骤减的现实，2010 年 12 月 6 日，欧盟出台了一项拯救蜜蜂的行动计划。"或许，爱因斯坦的'末日预言'还很遥远，但各界已经达成了共识：拯救蜜蜂的确不能再等了。"

[相关链接] 这里介绍了蜘蛛、蜜蜂的"数学才能"后，为了说明这个问题，我们再选介摘录两则相关研究成果（摘引自 2010 年 5 月 15 日《团结报》上的"动物界的'数学家'"一文）。据生物学家研究表明：

第 1 则，丹顶鹤在成群迁徙时，都是排列成"人"字形，其"人"字形的夹角永远是 110°左右。有学者更进一步指出，若计算更精确一些，"人"字夹角的一半不是 55°，而是 54°44′08″，经过对比，学者们惊奇地发现，这个角度恰是世界上最坚硬的金刚石晶体的角度。真是不谋而合，是否表明，丹顶鹤迁徙的"人"字形排列很坚硬，不易被摧毁。这是为什么？是否是它们的"经验理论"，至今是个谜。

第 2 则，生物学家研究发现，珊瑚虫能在自己身上"刻画"下"日历"：每年在自己的体壁上"画"出了 365 条环形纹，恰好是一天"画"一条。而有古代生物学家进一步研究，令人大吃一惊，在 3.5 亿年前的珊瑚虫每年所刻画的环形纹更多，不是 365 条，而是 400 条；天文学家表示，那时的一年都是 400 天，因此，它们始终是一天"画"一条。大自然无所不有，这是什么原因？至今是一个谜。

思考题 6 印度数学家婆什迦罗（12 世纪）常用诗写书，如他的著作中有一首生动、有趣、朗朗上口的数学诗题：

> 素馨花开香扑鼻，诱得蜜蜂来采蜜。
>
> 熙熙攘攘不知数，一群飞入花丛里。
>
> 此群蜜蜂数有几？全体之半平方根。
>
> 另有一雄在采蜜，一雌在旁绕飞行。
>
> 总数的九分之八，徘徊在外做游戏。

请读者求出这群蜂有多少？

1.7 音乐与数学媲美

读到一则有趣的故事，摘录如下。

日本古代有位笛手。有一年秋天外出演出，回家途中，船靠内海的一个港口。半夜来了一只海盗船，手持利刀、满脸横肉的强盗，跳上笛手乘坐的船。船上乘客毫无反抗能力，只能坐以待毙。笛手镇定地对海盗说："让我在死前吹奏一首曲子，那就死而无憾了。"匪首听了说："好吧！我们就先听一首曲子，再送你归天！"

笛声吹响了，忽高忽低，悠扬动听。笛声唤起海盗心中美好的感情，洗涤他们心头的污垢。匪首说："听了这动人的音乐，我们的刀还砍得下去吗？大伙儿回去吧！"

神奇的笛声，救了全船人的性命。

难怪德国的门德尔松说："音乐是人类思想、情感与精神生活自由表现的艺术。"它让人销魂，能使人有发自内心如醉如狂的感觉。难怪孔子闻韶乐，三个月不知肉味，可见其不同寻常的魅力。

　　音乐与数学，常被认为是"风马牛不相及"的，其实不然，音乐与数学是有关的。

1. 音乐数学结良缘

　　数学与音乐的密切关系，早已为数学家和作曲家所注意了，历史可以作证。

　　从公元前6世纪古希腊的伟大数学家毕达哥拉斯、中国数学家祖冲之（429～500），到公元16世纪德国天文学家、数学家开普勒（J. Kepler，1571～1630），又从19世纪德国近代著名作曲家保罗·亨德米特和他的学生作曲家卢福文，到中国现代的数学家、作曲家等都发现：从人间的音乐到太空的天体运行的"宇宙的和谐"，都是通过"数以及数的关系的和谐系统"表现出它的一致性。

　　毕达哥拉斯是音乐理论的始祖。他根据"任何两个量的比都应归结为两个整数比"的原理，创造了一套音乐理论，在他的音阶中主音与其他各乐音振动数之比分别为4∶3，3∶2，2∶1等比值，构成几个主要音调。此外，他还阐明单弦的调和音乐与弦长的关系。

　　毕达哥拉斯发现数是音乐和谐的基础，他深刻而大胆地声称："十个星球和一切运动体一样，造成一种声音，而每个星球各按大小与速度的不同，发出一种不同的音调，这是由不同的距离决定的，这些距离按着音乐的音程，彼此之间有一种和谐的关系；由于这和谐关系，便产生运动着的各个星球（世界）的和谐的声音（音乐）"（亚里士多德《论天体》二卷、十三章）。这是一个和谐的世界合唱（朱学志等，1990）[235]。

　　意大利科学家、数学家伽利略（G. Galileo，1564～1642）热爱音乐艺术，从数学的角度研究过为什么有些音调的组合特别悦耳。

　　开普勒在《宇宙的和谐》一书中，根据他多年的研究和观察计算的数据，设想出"天体的音乐"，他虔诚地笃信"太空的运动只不过是一首连续的、几个声部的歌曲……这音乐，好像通过抑扬顿挫，根据一定的、预先设计的、六个声部的韵律进行……"

　　开普勒这种"天体的音乐"的比喻和想象，三百多年后的20世纪50年代，被一些科学家、音乐学家深入研究，如亨德米特也确信宇宙的运动是音乐般的和谐，并指出"开普勒关于行星运动的三条基本定律……要是没有音乐理论的认真支持，也许就不会发现"。这是音乐和科学相互关系的例证。

　　法国数学家笛卡儿也曾研究过音乐，约在1619年他写信给荷兰多特学院的数学教授别克曼（I. Beeckman，1588～1637）的一封信，谈到他研究合唱歌曲中各音符之间的数学关系。后来他继续研究指出弦和声音关系，如"有 A、B、C 三根弦，发出同样的声音；B 有 A 两倍那么粗，但并不比它长，以两倍的力量将它绷紧；C 有 A 两倍那么长，虽然没有两倍那么粗，以四倍的力量绷紧它"，这样便能够发现声音的本性了。笛卡儿还写了一本《音乐概要》（1652 年）。

瑞士数学家欧拉酷爱音乐，并对音乐进行过研究，曾发表过一篇用数学方法研究音乐的论文，题为"关于和谐音与整数的关系"。只是对数学家来说，这篇论文太音乐化，而对音乐家来说，又太数学化了。以致大家都不容易看懂。

法国数学家傅里叶（T. B. J. Fourier，1768～1830）也研究过音乐，他利用先进的测试手段，对音响进行了复杂的分析，如把音乐弦的振动化为积分比，按数字组成准确的和声规则等，终于发现了可以把声音转换为数字，为后来电子音乐的发展奠定了基础。故此，贝多芬在创作《狄亚信里主题变奏曲》时，把焦点放在一个强音而不是主旋律上，对乐曲主题进行了重新安排，展示了一种从新的角度去听一个熟悉的曲调的手法，结果这首乐曲使人耳目一新。所以，有人认为"音乐家应该对数学有一定的研究"其道理是相当深刻的。

我国南北朝的数学家祖冲之，是当时杰出的音乐家，他精通"钟律"，独步一时。《南齐书》卷五十二"祖冲之传"说他对于"钟律博塞"很有研究，"解钟律，博塞当时独绝，莫能对者。"达到当时最高水平。我国古代音乐音阶的各个音叫做"律"，最初只有 5 个，叫做"五音"或"五律"，以后发展为七律、十二律，十二律是指构成音阶的 12 个音。"律"，又是指选择构成音阶的各个音间的规律。怎样来辨别这些音律呢？古代有一定的标准。据记载：古时有一种叫"黄钟律管"的专门工具，可以按照它的长短来校量音律。

所以，"我国古代数学和音乐有密切关系，作为数学家的祖冲之，精通音乐理论原是很自然的事"。（李迪，1959）[66～67]

据报载：1978 年，湖北随州擂鼓墩曾侯乙墓出土了一套共 65 口编钟，被称为"曾侯乙钟"。这套埋于地下 2400 多年的古代乐器，总重 5 吨，音域达五个 8 度，其音阶结构与现代 C 大调系同一音列，且 12 个半音齐备。令人兴奋的是用这套编钟可以演奏古今中外各种乐曲（王永建等，1996）[111]。这个消息传到国外音乐界，被外国人称为"世界第八大奇迹"，把它列在"世界七大奇迹"之后，这是一件了不起的大事。

"过去，西方总认为中国的七声音阶形成晚于希腊，中国的七声音阶是'舶来品'，因为中国古代音乐主要用五声音阶（'宫、商、角、徵、羽'即只有'1、2、3、5、6'五音而无'4、7'这两个偏音）"（王永建等，1996）[112]。在《周语》就记录了十二音的专门名称：黄钟、大吕、太簇、夹钟、姑洗、仲吕、蕤宾、林钟、夷则、南吕、无射、应钟、半黄钟……且这些音可用"三分损益法"（见后 4）求出各音。

以上记载说明，我国七声音阶的发明比毕达哥拉斯早 100 多年。"曾侯乙钟"以实物证明了我国古代音乐理论发展水平极高，也证明了我国古代的乐律与西方乐律是各自独立发展起来的。

从上可知，数学与音乐绵继几千年来，关系亲密和谐，早已喜结"良缘"了。

2. 音乐数学一致性

优美的音乐和神奇的数学的重要性，著名的英国戏剧家莎士比亚（Shakespeare，1564～1616）早在歌剧 *Taming of the Shrew* 第二章的第一场中写道：

> 我向你推荐一个人，
>
> 他精通音乐和数学，
>
> 由他用这些科学来教育女士们，
>
> 那么女士们将个个成为世界名人。

这里，莎翁把精通音乐和数学作为成才的重要内容或基础，虽不能说是唯一的，但却有一定道理，它表明音乐与数学的重要性。

数学与音乐存在亲密关系，我们认为它们必定存在某种潜在的必然联系，如音乐和数学都是出自人心灵的崇高的精神产物，音乐像数学一样具有高度的抽象性；数学也像音乐一样具有对称性、模式和优美的节奏，难怪人们把微积分称为"无限的交响乐"。音乐家和数学家一样，他们都是在表现他们心中大自然的形象，只是彼此所用的语言不同而已。

英国数学家怀特黑德（A. N. Whitehead，1861～1947）认为："作为人类精神的创造，只有音乐与数学媲美。"艺术正在进行着自身的综合——音乐化，科学正在进行着自身的综合——数学化，这是当代文明的两大潮流。

有学者研究认为，音乐与数学本质一致。数学与音乐都是高度抽象与高度具体的统一，都是从简中孕繁，如从简单"1"中寓"万"。音乐与数学通过各自的符号体系"直观宇宙，复现自身"。因此认为："科学的数学化，数学本身愈来愈完善其美的特质；艺术音乐化，使其越来越理性化、抽象化，更接近数学的本质，从而使科学与艺术复归于统一。"达到人类文明发展的最高阶段。

关于音乐与数学同一本质，英国数学家西尔维斯特（J. J. Sylvester，1814～1897）说得好："难道说音乐不就是感觉中的数学，而数学不就是推理中的音乐吗？两者的灵魂是完全一致的！因此，音乐家可以感觉到数学，而数学家也可以想象到音乐。虽说音乐是梦幻，而数学是现实。但当人类智慧升华到完美的境界时，音乐和数学就互相渗透而融为一体了。两者将照耀着未来的莫扎特（奥地利作曲家）、狄利克雷（德国数学家）或贝多芬（德国音乐家）、高斯（德国数学家）的成长，这在亥姆霍兹的天才和劳动中已经清楚地预示了这种结合。"（莫里兹，1990）[71]

3. 数学数列与音乐

数学与音乐有亲密、一致性，音乐辞典里曾称毕达哥拉斯为音乐理论家，还记载微积分发明者之一的莱布尼茨等数学家与音乐有关。在我国也有记载。例如，1970 年，我国著名琵琶演奏家刘德海，曾提出运用"优选法"寻找在琵琶每根弦上能发出最佳音色点（最佳点）的问题。不久，我国著名数学家华罗庚，用数学方法帮助解决了这一难题，在琵琶弦长的 $\frac{1}{12}$（≈ 0.083）处弹出的声音格外优美动听。1980 年 5 月，在全国琵琶演奏比赛上，几十位演奏家听了"最佳点"的演奏后，感到优美动听，并认为数学与音乐可能有一种深奥的内在联系。

关于音乐与数学上的数列（依照某一法则排列着的一列数叫做数列）的关系，古代与现代人进行了研究认为：数列是对客观事物进行高度抽象的逻辑思维的产物，而音乐艺术是心灵和情感在声音方面的外化，于是发现任何音乐中均深寓着数列，它绝非诸如"序列音乐"、"计算机音乐"所特有。

有学者研究（如肖鉴铮，音乐与数列，音乐爱好者，1988（5）），并在杂志上发表一篇音乐理论论文阐述说，音阶中蕴涵着数列：

十二平均律半音阶，其频率由等比数列组成，公比是 2 的 12 次算术根（约为 1.059[①]）。纯律及五度律半音阶亦近似符合这一数列。详细的数学计算过程见后面"4"。

平均律半音阶的音分值构成等差数列，其公差为 100。

泛音列产生于振动体的分段振动，其分段亦遵循递缩数列（正整数的倒数）：1，$\frac{1}{2}$，$\frac{1}{3}$，$\frac{1}{4}$，…，而频率则遵循与正整数数列 1，2，3，4，…相对应的比例关系。

这篇论文接着写道：民间吹打乐中，有一种叫"螺蛳结顶"或"宝塔尖"

---

① $\sqrt[12]{2}$，利用四位对数可以求出 $\sqrt[12]{2}$ 的近似值，方法是 $\lg\sqrt[12]{2}=\frac{1}{12}\lg2=\frac{1}{12}\times0.3010=0.02508$，查反对数表，$\sqrt[12]{2}\approx1.059$

的结构手法,实质上蕴涵着递增等差数列原则。与此相反,还有一种"蛇脱壳"结构手法,蕴涵着递减等差数列原则。

在某些特殊数列中,亦遵循着其数列结构,如著名的"斐波那契数列":

$$1,\ 1,\ 2,\ 3,\ 5,\ 8,\ 13,\ 21,\ 34,\ 55,\ \cdots$$

这是 13 世纪意大利数学家斐波那契在研究"兔子繁殖问题"时发现的数列,这是一个意义深远和伟大的奇妙数列。这个数列相邻前后之比为

$$\frac{2}{3},\ \frac{3}{5},\ \frac{5}{8},\ \frac{8}{13},\ \frac{13}{21},\ \cdots$$

越往后越趋近于黄金数 0.618(详见前面 1.3 节)。音乐学者研究发现,在民间音乐中蕴涵"斐波那契数列"。当然,这并不是说人们在即兴口头创作及修改音乐作品时,有意识地运用了某个数列来进行规范,而只是说,数列的原则符合美的原则,在漫长的历史演变中,美的东西被群众像沙里淘金般陶冶出来,流传至今。数学的抽象美,音乐的艺术美,经受了岁月的考验,牢固地渗透、结合在一起,任何人都难以将其拆散或迫使它们分离。

令人高兴的是,1985 年 12 月在武汉召开的全国聂耳、冼星海作品研讨会上,原武汉音乐学院院长童忠良先生宣读了一篇引人注目的论文——"论《义勇军进行曲》的数列结构"。论文整个建立在数学理论的基础上,研究者先后论述了黄金分割、华罗庚的 0.618 优选法、斐波那契数列,并据此分析了《义勇军进行曲》的曲式结构,提出了一种突破传统曲式结构理论的新观点。

这篇论文引起轰动,不仅在于聂耳的杰作及论文新颖的本身,更在于引起音乐工作者新的思考:要改变自身的知识结构,要充实和利用包括数学在内的科技知识,进行音乐创作或研究。

综上所述,数学与音乐相结合,相得益彰。

关于聂耳,现代青年人可能了解不多,在此作一简介。

聂耳(1912~1935),云南玉溪人。自幼喜爱花灯、滇剧等民间音乐和戏曲,并会演奏多种民族乐器。

聂耳是我国第一个以满腔热情和坚定信念来歌颂工人阶级的作曲家,是在革命最需要的时候喊出时代最强音的歌手,写了大量最激动人心的革命歌曲,如《义勇军进行曲》、《大路歌》、《毕业歌》、《卖报歌》等。其中《义勇军进行曲》于 1949 年作为中华人民共和国的代国歌,1978 年正式确定为国歌。

4. 音乐的数理特性

笔者曾读到音乐与数列有关的资料,它从数学角度计算音频(声音振动的频率),摘要于此,供有兴趣读者选读与研究参考。

音乐声音是由振动产生的,振动频率(每秒钟振动的次数)决定音的高低。

相差 8 度的两音（如钢琴上的"C¹"与"C²"或唱的"1"与"i"），后者音频是前者的 2 倍（而波长则是前者的 1/2），这样的两音最相似、最和谐。

关于音频的计算问题，我国已有很好的研究成果，有一文献通俗地、简洁地作了介绍。在此，为了介绍和说明这个问题，特摘录引用如下（王永建等，1996）[112~113]：

1834 年，物理学家规定音频 $G_1=400$ 次/秒，后被定为国际标准。在西洋古代的键盘乐器上，是由 7 个白键和 5 个黑键组成一组完整的 12 个高低不同的音（我国古代叫"十二平均律"），按低到高顺序排列为一数列：

$$\cdots C、{}^{\#}C、D、{}^{\#}D、E、F、{}^{\#}F、G、{}^{\#}G、A、B、c、{}^{\#}c、d\cdots$$

在此数列中，学者研究指出，任一音的音频都等于它前面一个音的音频乘以一个常数 q（实质上是一个等比数列）。若设"C"的音频为 n，则"c"的音频为 $2n$，根据等比数列通项公式有

$$2n=n \cdot q^{12}$$

即

$$q=\sqrt[12]{2} \approx 1.05946$$

（用四位对数表可求得 $\sqrt[12]{2} \approx 1.059$）。

由此 q 值可计算出各音的音频与"C"的音频的比值，根据等比数列的概念，如 ${}^{\#}C$ 为 1.0546，则 D 为 $1.05946 \times q \approx 1.12246$，${}^{\#}D$ 为 $1.12246 \times q = 1.18921\cdots\cdots$ 将它们的比值列表如下：

C	${}^{\#}C$	D	${}^{\#}D$	E	F	${}^{\#}F$
1	1.05946	1.12246	1.18921	1.25992	1.33484	1.41421
G	${}^{\#}G$	A	${}^{\#}A$	B	c	...
1.49830	1.58740	1.68179	1.78179	1.88774	2	...

以上规定极易转调，此即十二平均律。

我国明代王子朱载堉（1536~1612）在《律学新说》（1584 年）中，首先发现音乐上的十二平均律是以 $\sqrt[12]{2}$ 为公比的等比数列。只要用等比数列的计算方法，就可解决十二平均律的问题。

在欧洲，巴赫首先将十二平均律用于实践，而他们的键盘音乐则是依据十二平均律制成。因此，从某种角度来说，我国古代的发现对西方音乐还有着一定的贡献。

关于我国古代的弦乐计算弦长，则是根据公元前 7 世纪提出的"三分损益法"，它比希腊毕达哥拉斯的同一理论早 100 多年。我国古代的昆、琶、笙、笛、箫等多用"三分损益法"制造。实践证明，我国的音律演奏起来的曲调优雅、和谐、悦耳，但不足的是变调性较差。

令人惊奇的是，用中国的乐器演奏西洋音乐是容易的。现代有一些演奏家曾用中国与西洋古典乐器同时演奏出优雅动人的乐曲。

5. 音乐助你工作好

法国作家雨果说过："开启人类智慧的宝库有三把钥匙，一是数字，二是文字，三是音符。"现代专家研究表明：数学、文字与音乐对人的大脑开发大有帮助。据报纸披露，有专家估计，一个人的脑记忆容量，约等于目前世界藏书总量的全部信息，但真正被开发出来的却微乎其微（转引自《中国消费者报》，1995－1－30）。

大家知道，人有左、右两脑，左脑优势在于抽象思维，如数学、文学等；而右脑优势在于形象思维，如记忆、形象、音乐和感知等。但是人们往往重视左脑的利用（如从小培养幼儿数数、背古诗等），而忽视右脑的开发，音乐可以激发右脑中有益于思维、记忆的肽的分解运动，还能促使人脑中传递神经信息的突触大量增加。因此，音乐对于右脑的开发，培养人的感受力、记忆力、想象力和创造力，都有很大的好处。

古今中外，许多人都喜爱音乐。我国古代教育都把音乐作为"六艺"之一，孔子规定他的学生都必须掌握。在国内外，许多科学家都离不开音乐，关于这一点，有许多故事，下面选介一些：

许多科学家毕生离不开音乐，音乐帮助他们发明创造或工作好，正如开普勒说，他发明行星运动三大定律是受了故乡巴伐利亚民歌《和谐曲》的启示。

大科学家爱因斯坦喜欢音乐，不仅拉得一手好的小提琴，还很喜欢弹钢琴。他发明"广义相对论"是在不断弹奏钢琴的同时悟出来的。爱因斯坦承认："如果没有早年的音乐教育，无论在哪一方面我都将一事无成。"他死后，人们对他的大脑进行切片，发现他脑中的突触比常人（甚至其他科学家）多得多。

据有关资料披露，1971年荣获诺贝尔化学奖的加拿大物理学家兼化学家格哈德·赫兹堡博士，数十年来从不间断他的音乐练习，他认为音乐打开了他科学研究的思路。

匈牙利数学家波尔约（又译为鲍耶。J. Bolyai，1802～1860）是第一小提琴手。当他在数学世界里感到单调困倦时，他就回到五彩斑斓的音乐天地里，从音乐天地里找到研究数学的灵感。他深深感到，数学的神秘和音乐的美妙，完全是相融的。数学和音乐是他心灵成长的肥美沃土。

雷垣①（1912～2002）是我国现代数学教育家。音乐帮助他走进了数学家的

---

① 根据胡炳生撰"雷垣"一文介绍，载于：程民德．2000．中国现代数学家传．第四卷．南京：江苏教育出版社：153～163

行列。他高中毕业后考入上海音乐学院，学习了三年音乐后，放弃音乐，转向数学，留学美国获数学博士学位，后成为安徽师范大学教授。

中国自古就有黄钟起度、乐律相系的传统。雷垣教授在美国大学学习数学的同时，仍在音乐系选修了乐理课，向小提琴名师学习，参加音乐系组织的交响队及参加每年 5 月的音乐会、欣赏世界音乐名家演奏等活动。

雷垣教授终身从事数学研究和数学教学工作，同时又以音乐为业余爱好。他曾做过傅聪的钢琴启蒙老师。他在对"真、善、美"的追求上，找到了数学与音乐的结合点，使二者相辅相系，并行不悖。

雷垣教授认为：搞数学靠逻辑思维及记忆能力，搞音乐靠形象思维和听觉能力，二者分属大脑两半球。如果处理得好，数学与音乐，可以得到和谐统一，可以开发左右脑功能，并且把音乐欣赏和乐器演奏，作为紧张教学工作的一种精神调剂。所以，他一生除留下教授数学的声誉以外，音乐成为他生命中一道美丽的风景线，悦耳的琴声在他的指间飞扬，留下了他的小提琴和钢琴的悠扬韵声。

我国宋代的沈括和明代的朱载堉等精通多种科学的科学家，也是闻名后世的音乐家。我国现代科学家中，李四光、梁思成、苏步青、钱学森等，都是音乐爱好者。在他们攀登科学险峰时，音乐成了他们很好的助手。

在国外，历史上一些文化巨匠也表现出科学和音乐的深刻统一，如爱因斯坦、普朗克、玻恩、海森伯都热爱和醉心于以巴赫、莫扎特、贝多芬的作品为代表的古典音乐。又如 2007 年荣获诺贝尔经济学奖的三位经济学家，也都弹得一手好钢琴。对他们来说，音乐和数学（科学）是最高美的两个侧面，音乐不仅代表感情，也能表达科学和哲学。爱因斯坦在"论科学"一文中指出："音乐和物理学领域中的研究工作在起源上是不同的。可是被共同的目标联系着，这就是表达未知东西的企求。"数学和音乐只不过是各自不同的符号语言的砖块建造起来的美妙、光辉的世界。

专家认为，合理的世界图景"既可以由音乐的音符组成，也可以由数学公式组成"。

数学与音乐的内在规律，还留下许多之谜，等待现代人和未来的专家学者去揭秘。

最后附一笔，本书作者徐品方，大半生都离不开听收音机里的音乐，无论在备课、批改作业还是写作中，大都是收音机陪伴他，一边工作（为主），一边听音乐（为辅），都在音乐背景下伏案工作。音乐使他缓解压力，激发热情，精神倍增。他创作出版的 30 部（约 500 万字）数学论著，都是在音乐背景下进行的，所听到的音乐一般是模糊的，不一定能听清，主要是听旋律、和谐音，音乐可使人愉悦，并不影响写作（注意力在写作上），在他看来，这是有机融合，并不矛盾。因此，可以说，音乐也帮了他的忙。

思考题 7 甲、乙两个小朋友在一起玩，甲拿出一只火柴盒问乙："已知火柴盒的长和宽，你能计算出这一面的对角线长度吗？"

乙回答说："用勾股定理就可以计算出来了。"

甲把火柴盒 $ABCD$ 竖放在桌子上，见图 $1-10$，接着又问乙："利用这只火柴盒，你能证明勾股定理吗？"

乙思考了一会儿，忽然高兴地告诉甲："这样就行了。"他把火柴盒推倒为 $CFEG$："看，勾股定理就可以证明了。"乙告诉甲的证明过程。

你看出乙的证明方法吗？

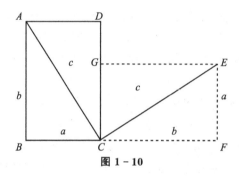

图 $1-10$

2 生活中的数学

有一本名为《教育的国际视野》的书（作者上官子木为教育学博士，就职于北京市社会科学院，该书由华东师范大学出版社 2005 年出版），在第二章中有一节"数学教育的视角"，提出与论述了一个国外数学与中国数学差距问题，即生活与数学问题。特在此摘要介绍，供参考。

美国中学数学分为基础数学、应用数学、职业数学和消费者数学。另外，还有微积分初步等。基础数学指数学基本知识；应用数学强调数学知识在实践中的应用，如报刊与现实生活中的数学问题；职业数学着重介绍数学的应用，如计算机（器）的使用；消费者数学是将数学知识用于商业经济和个人经济，如利润、利息、保险和税务等。

英国、德国的中学数学课程也十分重视数学的应用，如让学生运用学到的数学知识去认识周围世界，去解决有关实际问题。

而我国中学的数学课程侧重基础数学，"没有应用数学、职业数学及消费者数学"的专门课程，因此，我国中学数学课程比国外难。

笔者认为，外国中学数学重实用，基础知识不及我国，而我国基础知识扎实，但应用数学还不够多。总体来看，我国中学生数学基础知识很强，但从数学的综合水平来看，与国外有一定的差距。

在过去长时间里，我国中小学数学教学热衷于将生活问题抽象为数学问题，而国外数学教学关注如何用数学工具尽可能地解决生活的实际问题。所以，两者是有差距的。

因此，我们应该结合所学知识，尽可能地用数学解决生活中的实际问题，从而提高我们的综合应用能力。

2.1 铁路两轨的距离

先从瓦特的故事说起。

18 世纪，英国有个名叫瓦特的小男孩，常常蹲在屋内炉前，专心地看水烧开时，水蒸气气泡不断翻滚的奇怪情景。这在一般人眼里是极平常的小事，好奇心强烈的小瓦特却向大人们发问："为什么开水有那么大的力量能把壶盖顶起来呢？"

一晃 10 多年过去了，一位苏格兰铁匠纽可门和他的徒弟，研制成功了水泵用的气压式蒸汽机，成为人类蒸汽机发明史上的第一次重大突破。

但是，纽可门的蒸汽机并不完善，效率不太高。这件事引起童年时代就注意这个问题的瓦特的兴趣，经过潜心研究，不断改进创新，在 32 岁时（1768年），他运用活塞运动的原理，发明了高效率的近代蒸汽机，并于 1784 年又反复实验、改进，制成了世界上第一台高效率的往复式蒸汽机。

从此，蒸汽机在全世界广泛应用，人类进入了"蒸汽机时代"。为了纪念瓦特的伟大发明，国际单位制中便将"瓦特"作为功率的单位。

与瓦特的发明类似，关于火车铁路两轨距离是怎样发现的，也是个十分有趣的问题，特作介绍。

话从今往昔说起，2007 年 10 月 24 日 18 时 05 分，我国第一颗探月卫星"嫦娥一号"在西昌卫星发射中心成功升空。当从电视直播上听到倒数至 5、4、3、2、1、"点火"一声号令时，火箭冒着浓浓烟雾，发出巨大的声响，顷刻间，徐徐升起，不一会儿便喷射着强烈火焰，迅猛地飞向高空。

壮观的场景，令人心潮激荡，豪情满怀。

据报道，我国首次发射这颗探月卫星，"长征三号甲"运载火箭的直径有3.35 米（1970 年 4 月 24 日，我国首次发射的"东方红一号"火箭最大直径只有2.25 米，比这次的直径小 1.10 米）。但是，这次"长征三号甲"火箭比国外火箭仍显得纤细得多。为什么这次只有 3.35 米，而不能再大一些呢？这是一个奇怪的数字，究竟是从何而来？

原来，这是根据我国铁路的两轨距离（简称轨距）而来的。因为长三甲火箭从省外工厂制造好以后，要用铁路运送到四川省西昌卫星发射场，而到西昌的火车隧道只有这么宽，所以限制了火箭的直径，不能大于等于隧道的宽度，这就是说，火车轨距限制了这个宽度。

据说，今后我国将在某地新建卫星发射场，打算其火车轨距比现有的宽度加大，相应的隧道要加宽，如果这样，便可用更大的火箭把卫星送上天。

目前，美国发射的航天飞机，从电视上看到，立在发射台的航天飞机的雄姿，它的燃料箱两旁有两只火箭推进器，这些推进器是由设在美国犹他州的工厂制造成的，如果可能的话，这家工厂的工程师希望这些推进器造得再胖、再大一些，这样容量就会大一些。但是，目前的美国也是不可以的，为什么呢？因造好的推进器要用火车从工厂运到发射点，路上要通过一些隧道，而这些隧道的宽度只比火车车厢宽一点点儿。

美国铁路轨距是从何而来呢？原来美国铁路最早是由英国人设计制造的。那么，英国的铁路轨距的标准又是从何而来呢？

英国的铁路是由英国修建电车轨道的人设计的。英国电车轨道的轨距是一个奇怪的 4.85 英尺。

英国电车轨距 4.85 英尺又是从哪里来的呢？原来，最先造电车的人以前是造马车的人，而他们是根据马车的两轮宽（即轮距）作标准的。那么，追问下去，马车为什么要用这个轮距为标准呢？

历史告诉我们，很早的时候，马车若用任意的轮距的话，马车轮子很快会在英国的老路上撞坏，为什么？因为，英国这些路上的辙迹宽度是 4.85 英尺。那么这个辙迹宽 4.85 英尺的数字又从何来呢？

答案是古罗马人定的。为什么？因为 4.85 英尺正是古罗马战车的宽度。如果任意用不同的轮距在这些路上行车的话，轮子的寿命不会长久，而且存在安全隐患。

那么古罗马人为什么要用 4.85 英尺作为战车的轮距呢？在那遥远的古代，古罗马人制造两匹马拉的战车的距离（即轮距），是经过无数次实践最后确定下来的。因为，时间是精细的筛子，它以人类实践织成的网格进行筛选，既不让有价值的成果被筛去，也不容忍废物长存。所以，罗马人制造过不同的轮宽的战车，用两匹马拉的车，最后发现如果两轮宽与两匹马的屁股宽一样时，马车行走平稳，不易翻车，并且使用寿命长久，而两匹马的屁股宽约 4.85 英尺。于是，古人便普遍采用这个数字作为两轮距。因而后人风趣地称为是"马屁股的功劳"。

后来的 1886 年，在国际会议上，大会就把两马的屁股的宽度定为 1435 毫米，并且把大于 1435 毫米的轨距称为"宽轨"，小于 1435 毫米的轨距称为"窄轨"。

所以，目前世界各国使用的铁轨轨距离不全是 1435 毫米，大约有 30 种不同的尺寸。

显然，我们容易算出 4.85 英尺与 1435 毫米的关系，因为 1 英尺＝0.305 米，

$$4.85 \text{ 英尺} = 4.85 \times 0.305 \text{ 米} = 1.47925 \text{ 米}$$

而

$$1435 \text{ 毫米} = 1.435 \text{ 米}$$

所以，4.85 英尺大于 1453 毫米。

因此，英国铁轨轨距为"宽轨"。

美国等许多国家的轨距也是 4.85 英尺左右。

我国的铁轨有的是"宽轨"，有的是"窄轨"，还有很多是与欧美轨距标准差不多的"准"轨。

原来，我国与国外的铁路两轨的距离，是从古代两匹马屁股宽度演变而来。真相大白，令人叹为观止。

数学奇趣

历史的惯性力量是多么的强大，要冲破由惯性形成的规则，又是多么的艰难，毕竟受到多种因素制约。今天的铁轨的轨距约为 1.43 米，将来是不会大变的，因为科学试验产生的真理，是经受过历史洗礼的，它将延续到子孙后代。

当然，好的习惯将不只是影响当时人的一生，还会使子孙受益。这就是历史。

[相关链接]　　　　　**"铁轨"诞生的故事**

1748 年，英国瓦特发明了往复式蒸汽机；1807 年，富尔顿发明了轮船以后，陆地上的交通工具仍旧是畜力车辆。随着生产的发展，迫切要求最先进的运输工具。伴随着 18 世纪中叶蒸汽机的"分娩"，火车也早已"临产"了。有趣的是，火车铁轨是在火车发明以前早就诞生的。

在遥远的古代，最早的轨道雏形是一种辙道，这就是在石头上凿的槽道。据说，几千年前埃及人建造金字塔时，就是利用这种辙道把所需要的重达 2.5 吨的大石头，运送到建筑工地上的。到 16 世纪时，由于开采矿石和煤的发展需要，演变为木轨。当时的人让装满煤和矿石的车子在木质轨道上行驶，这比马拉人挑大大节省劳力。显然，木轨是后来发明的铁轨的前身。

1767 年，英国的金属大跌价。据说有一家铁工厂的老板怕亏本，他把工厂里所存的生铁，都浇铸成板条形的铁条，铺设在工厂的道路上，既当路走，又待铁价上涨后再变卖。但人们发现，车轮走在铺着铁条板面的路上，摩擦力小，特别省力，速度较快，由此启发人们用铁来修筑铁路。铁轨就是这样被发明了。

人们将铁条轨改为角铁轨，就是在凹形槽的板条旁做出一个凸缘，这是为了防止车轮出轨，但这种轨道不耐久，易于损坏凸缘，并且凹形槽里经常积上垃圾和沙石，阻碍车辆通行。

聪明的人们，不断改进、实践，不久又创造发明了另一种凸车轨。开始造的凸轨上下一样宽，中间窄，这种凸轨克服了上积垃圾等缺点，但却不很稳当，车子行走时有出轨翻车的危险。于是，人们又想办法，不断改进、实验，又将铁轨下面加宽，上面不变，设计成"工"字形铁轨。实践是检验真理的唯一标准，经多次实践，证明了这种铁轨省材又安全，于是，世界上最先进的铁轨诞生了，并沿用至今。

思考题 8　某服装商贩同时卖出两套服装，每套均卖 168 元。以成本计算，其中一套盈利 20%，另一套亏本 20%，则这次出售中商贩（　　　）。

（A）不赚不赔　　　（B）赚 37.2 元　　　（C）赚 14 元　　　（D）赔 14 元

请将正确答案序号填入括号内。

（选自洛阳、福州、武汉、重庆、广州 1992～1993 学年初中数学联合竞赛试题。）

2.2 客轮舰艇圆形窗

在大千世界里，天地万物错杂相陈、交相辉映、瞬息万变、日新月异。其中，圆有一种丰满、匀称、充实、完整之美；又有一种旋转感，如宏观宇宙中的日月，微观世界中的原子、中子，无不在这种浑圆的运动中得到平衡与发展。

因此，有人认为，圆是很美的，因为它的重心居中，浑圆无阻，随遇而安。圆的造型很美，代表完满和谐，给人以规律性、平衡感和控制力，只有宇宙才能与它媲美。

于是，圆成为人们喜欢的一种几何图形，在生产生活中，人们常常应用圆形。可这是为什么呢？让我们从舰船的窗为什么用圆形说起。在说之前，简要说一下舰船等的产生和发展史。

众所周知，浩瀚无际的海洋之水，汹涌澎湃，占据了整个地球表面积的约 2/3，在其余 1/3 的陆地上，也到处看见它的伙伴，如纵横如网的河流、星罗棋布的湖泊。

因此，人类早就会利用"舟楫之利"了。各种各样的船便先后应运而生，木舟、铁船、轮船、舰艇、破冰船、气垫船……这些各式各样的船为人类的交通或运输提供了很多便利。

早在 3000 多年以前，中东地区的尼罗河流域已经出现过独木舟，其他文明古国也先后出现过。据记载，到公元前 3000 年左右，埃及人民已经有了细长的、借助风力作动力的帆船。

我国约在 3000 多年前的商代甲骨文中已有船的记载，到了战国及秦、汉的时候，楼船、帆船已经开始用橹和舵。

靠人力用橹摇桨、单帆的船，被后人称为"早期船舶"。

由于科学技术的限制，这些用于水上运输的船总是跳不出纤拉、篙撑、橹摇、桨划、扬帆的圈子。

然而，用机器推动船的梦想，一直是人类追求的目标。1807 年（又说 1783 年）第一艘靠机器推动的船诞生了，它的设计制造者是富尔顿，后人称他为"轮船的发明家"。

富尔顿自幼聪明勤奋、能够触类旁通。最初他是学习绘画艺术的，后来致力于研究机械的发明、创新工作，曾发明大理石锯割机、纺麻机、麻绳搓编机等机械。1803 年他在巴黎的塞纳河上，制造了一只蒸汽机轮船，轰动世界。但因船体结构设计不完善，此船损坏，沉入河底。

富尔顿初造的船失败了，法国政府也不重视，他还遭到不少人的嘲笑和攻击。虽然富尔顿失败了，但他没有灰心丧气。当他从法国回到美国以后，依然信心十足，立志要制造出轮船来。1807 年 8 月 9 日，工夫不负有心人，他终于制造出了蒸汽轮船"克勒蒙号"。他成功了！

有了第一艘轮船以后，随着科学技术的发展，各种用途不同的船纷纷诞生了。

后来，人们开始研究考虑客轮、舰艇的窗用方形还是圆形的问题。经过实验和科学论证，最后选择了圆形窗，这不仅是像前面描述那样是出于美观的考虑，而是有一定的科学道理的。

首先从力学原理讲，圆形有着比其他形状更为优越的性能，可以更大地承受拉、压、剪等力的作用。科学家试验表明，在同样的条件下，做成同样规格的矩形或菱形的舷窗，当它们受到外部同样强度的拉、压、剪等力时，这些力就会集中作用在矩形或菱形的角上，当作用力大到一定程度，舷窗角往往会变形或破裂。这不仅会损坏舷窗，也将使船体结构的强度大为降低，并且还影响到客船、舰船的安全航行。而圆形的窗就不同了。

从数学原理来讲，当圆形舷窗某一部位受到同样的外力时，它就会把这一外力均匀地分散到各个部位上去，因为圆形重心居中、匀称，从而可以最大限度地避免因某一处作用力过分集中而造成破损。

此外，在周长一定的条件下，圆比其他任何形状的面积都要大（只要用中学数学知识便可证明。如分两步，第一步可以用二次函数求极值方法证明，周长一定的条件下，任何长方形、菱形和正方形中，正方形面积为最大；第二步证明此正方形面积小于圆面积）。这就意味着圆形舷窗的采光量最大，乘客或船员环视四周的视野要大一些。再加上圆形又比较美观，所以从各个方面综合考虑，设计师们选中了圆形作为客船、舰船的舷窗。

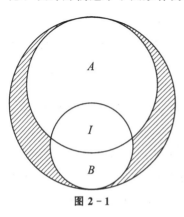

图 2 - 1

说到圆，在生活中有圆形花坛。如图 2 - 1，一个圆形花坛分成四个小区：A，B，I 及阴影部分。已知大圆半径 5 米，中圆半径 4 米，小圆半径 3 米，那么请比较图 2 - 1 中有阴影部分的面积与中圆和小圆相交的公共部分 I 的面积之间的大小关系。

分析与解 本题并没有要求计算出阴影部分的面积及 I 的面积。仅是要求比较大小。

根据题设，可得 $S_{大圆} = \pi \times 5^2 = 25\pi$（米^2），$S_{中圆} = \pi \times 4^2 = 16\pi$（米^2），$S_{小圆} = \pi \times 3^2 = 9\pi$（米^2），所以

$$S_{大圆} = S_{中圆} + S_{小圆} \qquad\qquad (2-1)$$

注意到 $S_{大圆} = S_A + S_B + S_I + S_{阴影部分}$，而

$$S_{中圆} + S_{小圆} = S_A + S_B + 2S_I$$

代入（2-1），可知

$$S_A + S_B + S_{阴影部分} = S_A + S_B + 2S_I$$

所以

$$S_{阴影部分} = S_I$$

生活实际中，这种解题方法叫做"整体核算法"。

思考题 9　（1）我国民间有一首歌谣涉及用规尺将不知圆心的圆三等分，诗歌题是：

三个智叟动脑筋，平分一个大月饼（圆形）。

仅有圆规和直尺，尺上刻度不分明。

正在为难愚公至，帮助分得均又平。

注：这是一首作图诗题，先求出圆心后再三等分一直角。

（2）仿"整体核算法"解下面一题。图 2-2 是一个圆形花坛，分成三个小区：A，B，C 各四块。其中四个相同的小圆直径，等于大圆半径，试比较面积 S_B 与 S_C 的大小。

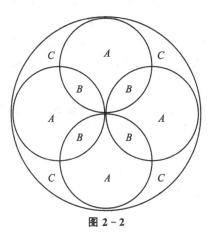

图 2-2

2.3 用数学方法破案

先讲一个"真假罪犯"的故事。

很久以前，国外有一位犯罪嫌疑人给律师送了一份厚礼，请律师替他辩护，并在最后被无罪释放了。

在犯罪嫌疑人和律师握手告别时，律师问："现在请你告诉我实话，你是否真的犯有罪行？"

"律师先生，当我在法庭上听到你为我作的辩护，我就确信我是清白无罪的了。"

我们知道，以事实为根据，以法律为准绳，这是办案的原则。但是，如何破案，方法很多，下面举两个神奇的故事。

1. 用圆周率 π 破案

据说，法国"群论"的创始人之一、因决斗而早逝的天才数学家伽罗瓦（E. Galois，1811～1832）在读大学时，因思想激进而坐牢。传说他出狱后去看望在读大学的老朋友鲁柏。女看门人告诉他："鲁柏在两周前已被人杀死，家里汇来的巨款也被人卷走。"

晴天霹雳，意外的消息使伽罗瓦大吃一惊。悲痛之余，他问女看门人："凶手是谁，警察抓到他了没有？"

"至今还没有破案。"女看门人说。

"作案现场有没有留下什么线索？"

女看门人告诉他，警察勘察现场时，罪犯什么痕迹也没有留下，只看到鲁柏手里紧紧地握着一块没有吃完的苹果馅饼。

"馅饼是我送给鲁柏品尝的。"女看门人说后停顿一下接着说：

"我估计作案人可能就是本公寓内的人。因为案发前我在值班室，没有发现有陌生人进公寓来。"

这座公寓有四层楼房，每层 15 间，总共住有 100 多人。聪明的青年数学家伽罗瓦思索着女看门人所说的情况。最后他提出：

"请您带我到鲁柏住的寝室看一看！"

当伽罗瓦经过 314 号房门前停下来问："这房间是谁住？"

"是米塞尔。"女看门人答道。

"此人如何？"

"他爱赌钱，好酗酒，昨天已经搬走了。"

数学家听到这里，果断地对女看门人说：

"这个米塞尔就是杀人凶手！"

"有什么证据？"女看门人吃惊地问道。

数学家分析说："鲁柏遇害时，手里的馅饼就是一条线索。"

"为什么？"女看门人问。数学家回答说：

"馅饼，英语叫'pie'。而希腊语'pie'就是'π'。'π'是数学上的圆周率符号，人们在计算时一般取 3.14 的值。鲁柏是一位喜爱数学的青年人，他十分机敏，临死时他想到了利用馅饼来暗示凶手所住的房间，所以他才死死地捏着那块馅饼不放……"数学家说。

根据伽罗瓦分析的线索，警方立即开始大搜查，很快抓住了罪犯嫌疑人米塞尔。

经审问，果然证实了数学家的分析。米塞尔承认因赌博输了钱，又看到鲁柏家里汇来巨款，遂生杀机。罪犯万万没有想到，连警方都没有破的案，却被数学家一眼识破。

伽罗瓦是一位传奇人物。父亲是镇长，母亲是一位有文化教养的人，亦是儿子的启蒙老师。12 岁时伽罗瓦去巴黎读中学，曾被人说是笨蛋，但他 15 岁就显示了非凡的数学天才。他 17 岁读数学预科，遇到了 33 岁的数学老师理查德（Richard，1795~1849）。理查德老师一边当教师，一边去巴黎大学听课，并把所学到的新知识传授给学生。理查德老师在教学中发现伽罗瓦不是"笨蛋"，也不"古怪"。认为他"只宜在数学的尖端领域工作"。在理查德老师帮助和指引下，伽罗瓦的数学才能显示出来了，老师说他"被数学魔鬼迷住了心窍"。18 岁时伽罗瓦便发表了第一篇论文。

伽罗瓦曾两次报考巴黎理工科大学，两次落选，原因是他不能满足考官们死记硬背的口试答案，第二次考试时，考官问他一个最浅显的初级问题，而没有向他提艰深问题，激怒了伽罗瓦，他激动地把黑板擦丢向主考官。考试又失败了。

1829 年，18 岁的伽罗瓦把一篇科研成果呈交给法国科学院。由大数学家柯西负责主审，因论文简略，退回重写。同年他父亲去世，考大学落榜，三次不幸降临。

理查德老师很关心他，劝说他不要非工科不考，可以改考师范。伽罗瓦接受了老师意见，马上考入了高等师范学校数学专业。

入大学后的 1830 年，19 岁的伽罗瓦又详细重写这篇论文，再次交法国科学院，这次由老数学家傅里叶主审（因柯西出国离法）。不久傅里叶去世，论文也丢失了。他愤怒写信质问法国科学院，得到的答复是要他再重写交来。第二年（1831 年）他第三次提交了这篇用根式解方程的可解性条件的论文。审稿人是数学家泊松。泊松草率地给了评语："不可理解。"伽罗瓦的论文被否定了。

人生多磨难，厄运再次降临，他卷入了法国革命，反对监学与政府，被捕入狱。出狱后不到 21 岁，又在与爱情纠葛的决斗中饮弹而亡（又传说是遭政治陷害而亡）。

决斗前的晚上，他写了三封信给朋友，并预感将遭到一个不能自拔的陷阱。他写道："我将成为一个无耻的卖弄风情的女人和她的两个愚弄者的牺牲品。"并希望朋友为他论文中的发现寻到知音。

后人称他的信为"科学遗书"。在他死后11年，数学家发现了伽罗瓦伟大的革命性发现，他创立了"群论"，被誉为"伽罗瓦理论"，成为近世代数（即抽象代数）最精湛的部分，是代数学的一次大革命。这是他生前孜孜以求事业成功的宏愿，可惜伽罗瓦英年早逝，在生时没有听到人们称赞他那燧石射出的灿烂、光辉的成就。

2. 数学反推法查案

一位曾向有关部门检举过、而又不愿透露姓名的知情人讲了以下一件真实的故事。

某地，有一位在户籍管理部门当官的人，为了解决儿子就业难的问题，利用手中职权，秘密地将儿子出生时间改小，蒙骗了征兵人员而让儿子入伍了。

事发后，单位群众举报。有关部门派人调查，但因户籍登记的原始材料已被篡改了，一时查不清楚。

这时，有人建议用数学上的"反推法"查案。

"反推法"（又叫"反演法"），是古印度人发明的一种数学方法，即从最后结论出发，进行逆推运算的方法。古印度数学家大阿耶波多（又名圣使，Aryabhata，约476~550）曾常用"反推法"解题。后来这种方法也被一些数学家采用。

怎样用"反推法"查"作假入伍案"呢？其主要方法是，从他退伍后安置工作的2004年倒推。具体倒推方法如下：

（1）2004年退伍安置就业，开始工作。

（2）2003年应征服役（时间1年）。

（3）2001~2002年，在某地打工（时间共2年）。

（4）1998~2000年，读大专（时间共3年）。

（5）1992~1997年，读中学（时间共6年）。

（6）1986~1991年，读小学（时间共6年）。

（7）1980~1985年，出生与幼儿时期（时间共6年）。

从上面推理计算可知，这个人约是1980年出生的，他应征入伍时至少已经是23或24岁了（从上述括号内总计时间可知），显然超过了征兵20周岁为截止年龄的规定。

这就证明其父利用手中职权，违法乱纪，改小其年龄造假入伍，退伍后给其"安置"好工作的事实。

最后，有关调查人员根据数学"反推法"的线索，又找到了另外证据，查清了篡改年龄入伍的事实，真相大白，数学"反推法"查清了"作假入伍案"。

思考题 10 下面是用火柴排成的一个等式 $\frac{22}{2}=11$。请你只移动一根火柴，改变成另一个近似相等的等式。应该怎样移动这根火柴？

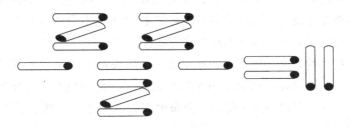

2.4 摸球奖率知多少

有一篇文章中，讲了如下一个故事。

有一年的圣诞节前夜，一个鞋店的老板隔着玻璃窗看见外面有一个小男孩，双眼瞪着橱窗里的鞋，久久不愿离开。老板去问这个小男孩："孩子，你需要帮忙吗？"

小男孩盯着橱窗里的皮鞋说："我想要一双鞋。你能不能告诉上帝，将一双鞋赐给我作为圣诞礼物？"

鞋店老板请小男孩进店里，让他坐下来，吩咐老板太太打来一盆热水，给他洗了脚。老板拿一双袜子来。并告诉男孩："上帝说了，他不能赐给你这双鞋，他只能给你一双袜子。"小男孩非常失望。老板停一下接着说："每个人都希望上帝赐给他最想要的东西，但上帝是做不到这一点的。上帝所能够做到的就是当你需要种地的时候，他给你一粒种子，通过你的辛勤耕耘，最后庄稼丰收了，才是你收获的时候。"

小男孩专心地听老板说话。老板思考了一下："你穿着这双袜子，去寻找最适合你人生的鞋，但是你要坚持不懈地走下去。"

这个小男孩就穿着袜子走了。

30 多年过去了，又是一个圣诞节的前夜，这个鞋店老板突然接到一封陌生的来信。信上说："尊敬的先生和善良的太太，你们还记得 30 多年前，在圣诞之夜找你们要鞋的那个小男孩吗？他非常感谢你赠送给他的那双袜子，以及珍贵的赠言，他穿着这双袜子经过了 30 多年，找到了最适合他的鞋。"署名林肯。这个小男孩就是后来的美国总统。

这个故事里最聪明、最有智慧的是那个店老板。他没有恩赐施舍一双鞋给他，只给了他一双袜子，指引他通过自强不息，坚持不懈的努力，来改变自己的人生。

这个故事与我国古语"授人以鱼，仅供一餐之需，授人以渔（打鱼工具），则受益终身"的道理是一样的。

接下来要讲的内容，是希望人们不要企盼摸奖赐给自己需要的东西，要靠自己的努力奋斗寻找适合自己的东西。要记住："天上不会掉馅饼。"

下面，我们就来介绍这种摸球把戏的秘密。

过去，我们曾看见，在我国一些闹市区、居民社区或名胜景区的路旁或商店门前，有人席地设摊，用纸或白布醒目地写了"免费摸奖，有奖销售"之类的"促销"活动，有的还发了传单，公布他们的摸奖办法，列出了彩表。这里，我们从那些五花八门的摸彩中选一例看看。

例如，摊主在自制箱内（或布袋）装有20个规格相同的小球，通告上说：

箱（袋）内有小球20个，每个小球上标有分数，10个10分，10个5分，总分150分。限摸10球，按分数兑奖如下：

（1）摸出100分奖彩电一台；

（2）摸出50分奖DVD机一台；

（3）摸出95分奖高档茶具两套；

（4）摸出55分奖高档茶具一套；

（5）摸出60分奖洗发精四袋；

（6）摸出70分奖洗发精一袋；

（7）摸出65分奖皂盒一个；

（8）摸出85分奖牙膏一支；

（9）摸出90分奖高级香皂一块；

（10）如摸出75或80分请购价值40元的商品。

显然，其中（1）～（9）免费获奖（当场兑现），第10条为让利销售（购商品）。

乍看起来，这张中彩表除摸得75或80分"让利销售"（主要目的）外，摸得其他分数均有重奖或小奖。

其实，摊主的摸彩是一种"赌博游戏"，利用顾客碰运气的"心理"，让人上当受骗。这种赌博早在300多年前就有。这是一种获奖率极低、于商家有利的促销活动，只要懂得一点高中数学中排列组合计算知识的人，就可以回答为什么绝大多数人摸不着奖，反而要购买商品的"让利销售"的道理。

我们从20个小球中任意摸得10个的组合数为

$$C_{20}^{10}=\frac{A_{20}^{10}}{10!}=\frac{20\times19\times18\times17\times16\times15\times14\times13\times12\times11}{1\times2\times3\times4\times5\times6\times7\times8\times9\times10}=184756$$

那么，摸彩得分的一切可能性只有以下 6 种：

（1）摸得 10 个 10 分（共 100 分）或 10 个 5 分（共 50 分）的组合数为

$$2C_{10}^{10}\times C_{10}^{10}=2\times1\times1=2$$

其概率（可能摸到的比率）为 2÷184756＝0.0000108。

这就是说，摸 1 万次，可能出现 100 分或 50 分的可能性约 0.11 次。换句话说，摸 10 万次才可能约有 1 人获得头奖或二等奖。当然还不能保证一定有 1 人。

（2）摸得 9 个 10 分、1 个 5 分（共 95 分）或 1 个 10 分、9 个 5 分（共 55 分）的组合数为

$$2C_{10}^1\times C_{10}^9=2\times10\times10=200$$

其概率为 200÷184756＝0.010825。

这就是说，摸 1 万次可能出现 95 分或 55 分的可能性约有 11 次（约占 0.1%），换句话说，可能有 11 人获奖，但还不能保证一定有 11 人。

（3）摸得 8 个 10 分、2 个 5 分（共 90 分）或 8 个 5 分、2 个 10 分（共 60 分）的组合数为

$$2C_{10}^8\times C_{10}^2=2\times C_{10}^2\times C_{10}^2=2\times\frac{A_{10}^2}{2!}\times\frac{A_{10}^2}{2!}=4050$$

其概率为 4050÷184756＝0.0219208。

这就是说，摸 1 万次可能出现 90 分或 60 分的可能出现 219 次（约占 2.2%）。

（4）摸得 7 个 10 分、3 个 5 分（共 85 分）或 7 个 5 分、3 个 10 分（共 65 分）的组合数为

$$2C_{10}^7\times C_{10}^3=2\times\frac{A_{10}^3}{3!}\times\frac{A_{10}^3}{3!}=2\times\frac{10\times9\times8}{1\times2\times3}\times\frac{10\times9\times8}{1\times2\times3}=28800$$

其概率为 0.1558812，这就是，摸 1 万次可能出现 85 分或 65 分的可能出现 1559 次（约占 15.6%）。

（5）摸得 6 个 10 分、4 个 5 分（共 80 分）或 6 个 5 分、4 个 10 分（共 70 分）的组合数为

$$2C_{10}^6\times C_{10}^4=2\times\frac{A_{10}^4}{4!}\times\frac{A_{10}^4}{4!}=2\times\frac{10\times9\times8\times7}{1\times2\times3\times4}\times\frac{10\times9\times8\times7}{1\times2\times3\times4}=88200$$

其概率为 88200÷184756＝0.4773863。这就是说，摸 1 万次可能出现 4774 次（约占 47.7%）。

（6）摸得 5 个 10 分、5 个 5 分（共 75 分）的组合数为

$$C_{10}^5\times C_{10}^5=\frac{A_{10}^5}{5!}\times\frac{A_{10}^5}{5!}=63504$$

其概率为 0.3437182。这就是说，摸 1 万次可能出现 3437 次（约占 34.4%）。

通过上述科学计算，参加摸奖"碰运气"的人，大约有82％的人（47.7％＋34.4％）可能摸得"让利销售"购买摊主的商品，其中有48％的可能摸得一个皂盒，并成为摊主"现身说法"、引人上钩的大诱饵。

显然，这一种摸彩活动是不正当经营行为，从数学理论证明，它是一种不合理、不公平的摸彩活动，因获奖率很低，希望大家不要贸然参加。

思考题 11（填空题） 一种币值贬值12％，一年后，又增值____％，仍能保持原先的币值（精确到0.01％）。（选自1992年11月"东方航空杯"第一届达尼丁——上海友谊数学通讯赛试题）

注：本题中，一年后的增值，是对贬值币而言。

2.5 洗牌几次才均匀

先讲一个小故事。

英国有位诗人发表的一首诗中写道：

> 每一分钟都有一个人死去，
>
> 每一分钟都有一个人诞生。
>
> ……

不久，诗人收到一位数学家的来信，信中说：

阁下，你的诗句中有不合逻辑的地方，按照诗中说法，地球上的人口生、死抵消，不增不减永恒不变。但事实上，地球上的人口是在不断增长的，每分钟相对地都有1.16749人出生，这与诗句中的数字有出入。尽管诗句可以夸张，但应符合实际情况。如果你不反对，我建议你使用 $1\frac{1}{6}$ 这个分数，将诗句改成

> 每分钟都有一个人死亡，
>
> 每分钟都有 $1\frac{1}{6}$ 个人在诞生。

文学讲究贴切，数学要求严谨。

一个数学家，在他的研究工作逐步达到精确而明朗、纯粹而易于理解、优雅而且有吸引力的时候，他才感到完美。

上面故事里的这个数学家就是一例。下面我们再介绍另一位数学家追求精确的一件小事。

我们都喜欢玩扑克牌，每次打完就要洗牌。但是，一副扑克牌洗几次才能均匀，即看不出原来的顺序呢？

据1991年第5期《读者文摘》上，有一篇盛荣强写的论文告诉了我们，这是一个众所瞩目的生活中的数学问题。

我们知道，洗牌几次才均匀这个"小问题"曾难倒不少人，于是有人问数学家，能不能用数学方法解决这个难题。

大家知道，一副扑克牌有 52 张，52 张牌会有多少种排列方式？学过排列的中学生是会爽快地答道"有 $52 \times 51 \times 50 \times \cdots \times 2 \times 1$ 种"，若用数学符号表示为 52！（52 的阶乘）种排列方式。这个乘积的数字是很大的，大约是 10^{48}，即 1 后面连续有 48 个零。

那么，从 52！种排列中，洗几次牌，这副牌就完全看不出原来的顺序？这是一个既有趣又很难的问题。

1990 年美国哈佛大学数学家戴柯尼斯和哥伦比亚大学数学家贝尔，采取与众不同的策略解决了这个难题。他们花许多时间泡在赌场里，观察赌者洗牌，甚至把过程记录下来，从中发现蛛丝马迹。后来他们进行大量实验找到了洗牌最佳次数，并且发现了一种比较简单的计算方式。

为了科学实验，他们把 52 张牌进行编号，按照 1 到 52 的递增顺序排列。在洗牌时，把牌分成两组，一组牌是 1 到 26，另一组是 27 到 52，洗一次牌后，会出现这样的排列：

$$1, 27, 2, 28, 3, 29, \cdots$$

也就是两组递增的数列混合在一起，一组是 1，2，3，另一组是 27，28，29。后来，他们再继续洗牌实验，如果递增数列多达 26 组后，这副牌就完全看不出原来的顺序。至于洗几次牌才能达到这个效果呢？他们请出大型计算机来帮忙，在电脑上进行计算，最后他们找到了答案，如果洗牌 7 次，就能达到均匀的最佳效果。如果超过 7 次，不会收到更好的效果。

至此，洗牌 7 次为最佳的结论诞生了。因此，我们平时玩扑克牌时，只洗 7 次牌就完全看不出原来的顺序了，小于或大于 7 次都不是最佳方案。

用数学方法解决生活中的问题，大有用武之地，我们学习数学，应在尽可能的情况下，去解决一些生活、生产中的简单问题。当然，数学是文化，数学是技术，数学是基础科学，不可能每一个数学知识都能解决实际问题。所以，我们这里说的是"尽可能"。

总之，理论与实际相结合，不是对立的，也不能亲一家疏一家。

思考题 12 将 2，3，4，5，6，7，8 七个数字，分别填入图 2-3 中七个空格子里（有阴影部分的左上右下两对角不填），并且要求同时满足两条：

(1) 每相邻两格（含有一公共边）内所填二数，素数与合数各占一个；

(2) 每行数目之和（共三个）都是素数，竖列数目之和（共三个）均是合数。

请试填出一种（解法多种）。

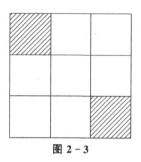

图 2-3

2.6 孟德尔遗传定律

众所周知，人类有压抑不住的好奇心，凡事有问个究竟的特点。所以说，好奇心可能造就科学家和勇于探索者。但从另一方面来讲，人世间有一些事情，是不可以亲身去探索的，如"吸毒"，就不可以出于好奇心而去亲口尝一下，因为科学证明，这种东西若亲口一尝，就可能会家破人亡。

因此，对于自然界中未知的东西，可以大胆地、勇敢地去探索，而事实已证明是错误的东西，千万不要去探索。

下面我们介绍探索 $(3:1)^n$ 之谜的问题。

1857 年，奥地利神父孟德尔进行豌豆杂交的科学试验。他收集了 34 个不同品种的豌豆，将每个品种单独播种，进行培育实验，经过两年的科学实验，他优选得到了纯正的品种系列。然后，取 7 对相对性状区别明显的品种再进行试验，结果发现，无论高茎（植物的主干）作父本，还是作母本，其杂交第一代全是高茎豌豆，他又把杂交的第一代种子单独播种，自花授粉，结果在杂交第二代中，他发现遗传情况是约有 3/4 的高茎，1/4 为矮茎，比例为 3∶1。这就是说，第一代遗传规律是 3∶1。

接着，孟德尔又选择不同豌豆品种进行科学实验再发现它们的遗传情况，如他用圆滑、黄色种子豌豆与皱、绿色种子杂交。结果，第一代都是圆滑黄色的种子，而第二代却出现四种类型的产品：圆滑黄色、圆滑绿色、皱皮黄色、皱皮绿色，其比例是 9∶3∶3∶1，正好是 3∶1 的平方。这就是说第二代遗传规律是 $(3:1)^2$。

孟德尔没有停止科学实验，他又在杂交第二代基础上，继续同样实验，进一步观察三对相对性状的遗传情况，结果第三代中有八种类型，其比例为 27∶9∶9∶9∶3∶3∶1，正好是 3∶1 的立方，亦即第三代遗传规律是 $(3:1)^3$。

经过八年的艰苦研究，孟德尔发现这种豌豆杂交科学试验的遗传规律是

$(3:1)^n$。于是，他向世界提出 $(3:1)^n$ 的遗传假说，这里的 n 是生物相对性状的对数。

孟德尔发现的这个遗传规律，后来，很多生物学家也发现得到了同样的结果。于是，后人称 $(3:1)^n$ 为著名的孟德尔遗传定律。

思考题 13 如图 2-4 所示，五边形 $ABCDE$ 中，$\angle ABC = \angle AED = 90°$，$AB = CD = AE = BC + DE = 1$，求这个五边形 $ABCDE$ 的面积为 1。请探索一下给出两种不同解法（选自 1992 年北京市初中二年级数学竞赛复赛试题）。

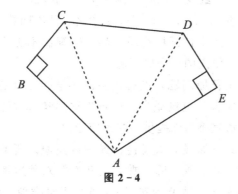

图 2-4

3 破译算式的哑谜

2007 年 10 月 22 日《劳动报》上有一文: "三年级数学题实在做不出来"——一位小学生妈妈网上找人解答。这道题是这样的:

$$红花映绿叶 \times 春 = 叶绿映花红$$

要求是不同的汉字代表 0, 1, 2, 3, …, 9 中之一的不同数字。

一石激起千层浪,几十位网民纷纷跟帖,但都做不出来。有位网民在网上查到了答案,但"怎么做出的还是搞不懂"。

这一类有趣的算式复原问题,没有经验的小学生,就是初、高中学生,或者是大学毕业的一些家长,也难做出。但若有这类参考解法,还是可以破译这类算式哑谜题的。本章就将为你提供一些入门知识。

这类问题叫做算式复原或算式哑谜,或数码还原。所谓算式复原,就是把一个数学算式(含加、减、乘、除、乘方或开方等六种运算)中只有部分数字或符号(如汉字、外文字母或其他符号),通过逻辑推理,将算式全用数字 0,1,2,…,9 中之一加以代替,复原成数字算式。这是一种有趣的智力游戏。

娱乐数学大师亨特(J. A. H. Hunter)称这类问题为算式复原(arithmetical restoration)。经他考证,它发源于几千年前的中国,然后传入欧美。在西欧最先叫"字母算术",后来叫"算式破译"。1955 年这种游戏进一步发展演变为单词或短语组成的数字哑谜的算式复原,使其更富有挑战并妙趣横生,成为数学智力游戏中一朵鲜艳的花。

显然,算式复原集知识性与趣味性于一体,在国内外数学文化中占有一席位置,因此,数学课外读物或数学竞赛以及电视台的文化知识竞赛题中常有这类问题。通过算式复原,可以更加牢固地掌握所学基础知识,培养机敏性、缜密性和逻辑思维能力,增强应变能力和综合应用能力,从而促进智力开发。

算式复原问题蕴涵着一些重要的数学思想方法(如组合数学),涉及小学、初中整数性质(数论)、整除性及其数学运算法则等基础知识,如奇数、偶数及其性质,

$$奇数 + 奇数 = 偶数, \qquad 偶数 + 偶数 = 偶数$$
$$偶数 + 奇数 = 奇数, \qquad 奇数 \times 奇数 = 奇数$$
$$偶数 \times 偶数 = 偶数, \qquad 偶数 \times 奇数 = 偶数$$

还有自然数的整除性质、四则运算法则、进位制等。

算式复原问题的难易程度相差很大,这里举出的是最简单的,在数学竞赛

中偶有出现。

3.1 算术的算式复原

例 3 - 1 算术式 ○ × ○ = □ = ○ ÷ ○，将 0，1，2，3，4，5，6 这七个数填在圆圈和方格内（简称空格），每个数字恰好出现一次，组成只有一位数和两位数的整数算式，问在空格内填几？（选自 1986 年"华罗庚金杯"少年数学邀请赛复赛第八题）。

分析（解题思路） 从 0，1，…，6 七个数来看，0 是一个特殊的数，它是寻找解答此题的突破口。从已知算式可知：

（1）0 只能作个位数。如果它出现在被乘数、乘数、除数或商中，必然要在其他位置上出现。因此，0 只能是被除数的个位数。即 ⑦0 ÷ ○

（2）5 也是一个敏感的数。如果用 5 以外的数作除数，空格中个位数必定为 5（因 0 已用作被除数的个位），被乘数或乘数还必须出现 5，而"5"是不允许多次出现，因此，"5"只能为除数。

（3）从（1）、（2）知，已用去 0（作被除数个位）和 5（作除数），剩余的 1，2，3，4，6 在其他位置上很容易确定，通过简单验算便可得到满足条件的唯一算式为

$$③ × ④ = \boxed{12} = ⑥⑩ ÷ ⑤$$

例 3 - 2 下列竖式加法和竖式乘法，请你进行算式复原，找出各汉字代表的数字，并说明理由：

```
(1)      好啊好          (2)        早上好
       +  身体好               ×    你好
       ─────────              ─────────
         身体好啊                晚上好
                               你很好
                             ─────────
                             看你很好
```

解 （1）因为两个一位数相加，只能进一位，所以"和"中的"身"字必为 1，便知被加数的"好"字为 9，从而可知"和"中的"体"字必为 0，"啊"字为 8，于是得

$$\begin{array}{r} 989 \\ + 109 \\ \hline 1098 \end{array}$$

（2）由竖式算式可知：

（a）由好 × 好 = 好可知，"好"字不能为 1 或 0，若不然，则与竖式矛盾，故"好"字只能为 5 或 6。

数学奇趣

当"好"为 6 时，由好×你＝好可知"你"不能为 6（否则重复），"你"只能为 1，但为 1 时，得出"早上好"又与竖式不合，所以"好"不能为 6，只能为 5，即好＝5。

（b）从竖式可知，"早"字只能为 1（若大于 1 则进位）；从而知上＝2。这样，"早上好"为"125"。

（c）"你"字为奇数，若为 7，9 则进位，"早上好×你"不会出现"你"；若为 5 重复；若为 1 又不合，故"你"只能为 3。故"你好＝35"。

从上可知，所求算式复原为

$$
\begin{array}{r}
125 \\
\times\ 35 \\
\hline
625 \\
375\quad \\
\hline
4375
\end{array}
$$

例 3－3 求如下竖式乘法中的符号"×"代表的数字，使其算式成立：

$$
\begin{array}{r}
3\times\times\times \\
\times\quad\ \ 9\times \\
\hline
2\times\times\times 1 \quad\cdots\cdots\cdots ① \\
+30\times 17 \quad\cdots\cdots\cdots ② \\
\hline
33\times\times\times 1
\end{array}
$$

分析（思考方法）　为了便于说明问题，我们把运算过程的各个结果编号为①、②、③、④…式。以后相同。

（1）由②式中个位数字 7 可知，只有 3×9＝27，因此被乘数个位数字为 3；

（2）由①式中的个位数字 1 可知，乘数的个位数字为 7，于是有

$$
\begin{array}{r}
3\times\times 3 \\
\times\quad\ \ 97 \\
\hline
2\times\times\times 1 \quad\cdots\cdots\cdots ③ \\
30\times 17 \quad\cdots\cdots\cdots ④ \\
\hline
33\times\times\times 1
\end{array}
$$

（3）由④式中的十位数字为 1，可知被乘数十位数字为 1。

（4）由被乘数、乘数的首位上的数字之积（3×9＝27）与④式中的数字，便知被乘数百位上的数字为 4。故所求的算式复原为

$$
\begin{array}{r}
3413 \\
\times\quad\ \ 97 \\
\hline
23891 \\
+30717\quad \\
\hline
330961
\end{array}
$$

64

例3-4 求如下竖式除法中的"×"号的数字，使之成立。

$$
\begin{array}{r}
\times 7\,4 \\[-2pt]
31\times\;\overline{)\;\times\times 4\times\times} \\[-2pt]
-\,6\,3\,\times \quad\cdots\cdots\cdots\cdots\cdots ① \\[-2pt]
\hline
\times\times 6\times \quad\cdots\cdots\cdots\cdots\cdots ② \\[-2pt]
-\times\times\times\times \quad\cdots\cdots\cdots\cdots\cdots ③ \\[-2pt]
\hline
\times\times\times\times \quad\cdots\cdots\cdots\cdots\cdots ④ \\[-2pt]
-\;\times\times\times\times \\[-2pt]
\hline
0
\end{array}
$$

分析 本题的关键是找出商中"×"号与除数中的"×"号便迎刃而解。

(1) 由①式知商数的首位为 2（可用 1，3～9 试商不行）；

(2) 由②式中的十位数字为 6 和被除数的百位上的数字为 4 便知，①式中个位数字必为 8；

(3) 又由求得商的百位数字为 2，则除数个位上的数字可能为 4 或 9。若为 4，则①式中的十位上的数字应为 2，而已知给出的为 3，所以不能为 4，只能为 9。

故除数为 319，商为 274。则被除数为 $319\times274=87406$，于是我们便可容易求出其竖式中"×"号的其他数字，则所求竖式为

$$
\begin{array}{r}
2\,7\,4 \\[-2pt]
319\,\overline{)\;8\,7\,4\,0\,6} \\[-2pt]
6\,3\,8 \\[-2pt]
\hline
2\,3\,6\,0 \\[-2pt]
2\,2\,3\,3 \\[-2pt]
\hline
1\,2\,7\,6 \\[-2pt]
1\,2\,7\,6 \\[-2pt]
\hline
0
\end{array}
$$

例3-5 一个四位数 $abcd$ 乘以 9，以后所得的积是这个四位数倒过来之数（即逆序数）$dcba$ 其中每个字母代表 0，1，…，9 十个数字中的任一个，而不同字母表示不同数字，其竖式为

$$
\begin{array}{r}
a\,b\,c\,d \\[-2pt]
\times\qquad 9 \\[-2pt]
\hline
d\,c\,b\,a
\end{array}
$$

请你求出这个四位数。

解 分析竖式特点：

(1) 易知 a 不能为 0，否则变成三位数；

(2) 被乘数是四位数，乘以 9 其积为四位数，所以 a 只能是 1，于是积的个位上的数字为 $a=1$，从而知 $d=9$；

(3) 由于 $a=1$，$b\neq1$，若 $b\geqslant2$，则 $b\times9$ 要进位，这样千位上 1×9 加上不为 0 的任一数字，必然要进位，那么积就是五位数，不合要求，所以 $b=0$；

(4) 由于被乘数个位上的 $d=9$，$9\times9=81$，而积的十位上的 $b=0$，所以

$9 \times c$ 的个位上的数字必为 2，于是 $c=8$。故所求算式为

$$
\begin{array}{r}
1089 \\
\times \quad 9 \\
\hline
9801
\end{array}
$$

显然，1089 与 9801 互为逆序数。

例 3-6 四川电视台 1986 年 11 月，曾播映一个谜语：

$$
\begin{array}{r}
发展保险事业 \\
\times \qquad 业 \\
\hline
好好好好好好
\end{array}
$$

请求出算式中各汉字表示 0，1，…，9 中的不同数字。

类似的题还有（或自己另编题，解法同上，读者自解）：

$$
\begin{array}{r}
提高数学质量 \\
\times \qquad 量 \\
\hline
好好好好好好
\end{array}
\quad 或 \quad
\begin{array}{r}
以人为本和谐 \\
\times \qquad 谐 \\
\hline
好好好好好好
\end{array}
$$

解 分析，从四川电视台给出的竖式思考，关键是先求出"业"，思考顺序如下：

(1) "业"字不能是偶数。为什么呢？若不然假设是偶数，如偶数 0，则竖式不成立；若为偶数 2 时，乘数是 2，那么被乘数中每个汉字都是 2，才能保证积是同一个数 4，这与不同汉字代表不同数字矛盾；有人想，若"事"字为 7，$2 \times 7 = 14$，虽然出现积是 4，但要进位，显然"业"字在积的百位上出现不为 4 的奇数（如上进位 1），所以，"业"字不能为数字 0 或 2；

又假设"业"字为偶数 4、6、8 时，则进位要出现奇数，由"偶数乘以偶数得偶数"、"偶数加奇数得奇数"的性质，这样的积就不为相同的数字（"好"字）。故"业"字不为偶数。

(2) "业"只能为奇数。如若"业"字为奇数 1 或 3，要积为同一个数字，则出现不同汉字同一数字（如 1 或 3）的矛盾；若"业"为奇数 5，进入十位上的数字为 2，而 5 与其他数字相乘之积的个位上的数字不为 3；若"业"为奇数 9，积就为七位数了，这是不允许的。

根据上述，逐一排除各种可能性后，便知"业"字只能是 7。

(3) 由"业=7"，则"业×业=49"，进位 4 后，得积的个位"好=9"；又"业×事=好"即要使"$7 \times 事 + 4$"的个位数为 9，"事"字必为 5。同理推出险=8，保=2，展=4，发=6，故所求算式复原为

$$
\begin{array}{r}
142857 \\
\times \qquad 7 \\
\hline
999999
\end{array}
$$

例 3-7（本章开头提出的问题） 这道题实质是一个五位数乘以一位数的

乘法，"红花映绿叶×春＝叶绿映花红"我们把横式算式写成竖式：

$$\begin{array}{r} 红花映绿叶 \\ \times \qquad\quad 春 \\ \hline 叶绿映花红 \end{array}$$

分析 此题的关键和突破口，先找出"春"和"红"字代表的数字，试解如下：

(1) 显然，"春"和"红"字不能是 0 和 1，假定"红＝1"，由春×叶的个位是红，可知"春与叶"分别为 3 与 7 或 7 与 3；

当春＝3，叶＝7 时，则由"春×红＝3×1＝3"它与"春×花"进位后之和不为"叶＝7"，故红≠1，春≠1，叶≠7；

同理，当春＝7，叶＝3 时也不成立。

(2) 不妨先假设"红＝2"（若红＝2 不成立，再验证红为 3 或 4），由春×叶的个位是红，可知"春"与"叶"可能分别为以下几组数字之一：3 与 4 或 4 与 3；4 与 8 或 8 与 4；6 与 7 或 7 与 6。

(a) 当春＝3，叶＝4 或春＝4，叶＝3 时，则"春×红"的个位是叶，不成立，故春、叶不能为 3、4 或 4、3。

(b) 当春＝6，叶＝7 或春＝7，叶＝6 时，则"春×红"的个位是叶，也不成立，它又与积为五位数矛盾。

(c) 当春＝8，叶＝4 时，"春×红"的个位是叶，也不成立。

显然，只有春＝4，叶＝8（此时红＝2）时成立。

(3) 由"春×花＝4×花"来看，"花"只能取 1 或 2，但花＝2 与红＝2 重复，只有取花＝1。

(4) 由"春×绿＋（进位数）3"的个位是花，即"4×绿的个位数为 1"，则"绿"只能是 2 或 7，但 2 重复，故绿＝7。

(5) 由"春×映＋（进位数）3"的个位是映，"映"不能是 1、2、4、7、8（否则重复），映只能取 0，3，5，6，9 之一。

由"春×映的个位是映"，即"4×映＋（进位数）3 的个位是映"，则映不能取 0，3 或 5 或 6，经计算只能映＝9。

综上所述，我们求得红＝2，春＝4，叶＝8，绿＝7，映＝9，花＝1，故所求算式复原为

$$\begin{array}{r} 21978 \\ \times \qquad 4 \\ \hline 87912 \end{array}$$

显然，本题"红花映绿叶"的逆序（顺念倒念句子不变或其意不变）是"叶绿映花红"；而"21978"的逆序数（顺读倒读的数字相同的不同两个数）是 87912。

显然，这道题较难，对小学三年级学生更难。

例 3 - 8 试复原下列除法算式：

```
                  ****.****
          ***╱******
               ***
               ***
               ***
                ***
                ***
                 ***
                 ***
                  ****
                  ****
                     0
```

分析 这里列出的竖式除法算式中，没有一个数字，全部用符号"∗"代替，有人称为"无字天书"。日本数学家高木茂男起了另一个有趣的名字"虫食算"，意思是原有的数字都让虫子吃掉。现在请你通过分析的翅膀，把这些被虫子吃掉的数字重新找出来。

一个数字也没有，我们在思考时从什么地方入手呢？从被除数下移位数的多少，可判断出商数中哪些可能是 0，因为 0 在除法中是一个特殊数字，这是解答"无字天书"的重要线索和突破口。

为此，分以下几步：

(1) 这是一个 3 位数去除 6 位数的不能直接整除的算题，商的小数点后还有 4 位数。由此可知，算式中小数点后移下来的数字必为 0。

(2) 从算式看到被除数减第一部分积以后只得一位，从被除数中一次移下了 2 位，由此可见商的第二位必为 0。

(3) 最后一个部分积也是一次移了 3 个 0 下来的，可见商的小数部分的第 2 和第 3 位也都是 0。

通过上述可知，这个除法算式哑谜的 ∗ 号已知 10 个是 0，只余下一些了。为了易于破谜，找到其他 ∗ 号数字，我们把后面的进一步分析中很关键的数位则用 a，b，c，d，e 分别表示为

```
                *0**.b00c
       **a╱******  ············ ①
             ***   ············ ②
             ***   ············ ③
             ***   ············ ④
              ***  ············ ⑤
              ***  ············ ⑥
               **0 ············ ⑦
               **d ············ ⑧
               e000 ··········· ⑨
               e000 ··········· ⑩
                  0
```

（4）为了获得我们编号的⑨式 $e000$ 结束除法，a 是什么数，有两种情况①$a=0$（不管 c 是什么数，相乘尾部总得 0）或②$a=5$（偶数 c 相乘，保证尾部为 0）。若 $a=0$，则将使上一次相乘中的 $d=0$，从而使 $e=0$，这是不可能的。

因此，只有 $a=5$，c 为偶数这一种情况。

（5）因为 $a=5$，$d\neq 0$，d 必然等于 5，从而得出 e 也一定等于 5，即 $e=5$，故⑨式一定是 5000。

（6）由 $*\ *\ a\times c=5000$ 及 c 为偶数，可试出 $c=8$，再用 $5000\div 8=625$，故可知除数为 625。

（7）$625\times 2=1250$ 是一个四位数，而②、④、⑥、⑧式中都是三位数，说明相应的商不是 2，应该是 1，因此商中除 0 和末尾外的各位数都只能是 1，而末位数为 8，这样所求的商是 1011.1008（因为由 $*\ *\ a\times c=5000$ 及 c 为偶数，可试出 c 必然为 8）。

（8）除数是 625，商是 1011.1008，被除数就可以算出，其他数字也就容易填出来了。

故所求除法算式复原为

$$
\begin{array}{r}
1011.1008 \\
625\,\overline{)\,631938} \\
\underline{625} \\
693 \\
\underline{625} \\
688 \\
\underline{625} \\
630 \\
\underline{625} \\
5000 \\
\underline{5000} \\
0
\end{array}
$$

显然，"虫食算"对培养推理能力有很大的帮助。

3.2 代数的算式复原

代数的算式哑谜问题，涉及奇数、偶数、素数、合数和自然数的整除性质以及初中代数知识，我们就简单情况选介。

例 3-9 一个数是 5 个 2，3 个 3，2 个 5，1 个 7 的连乘积，这个数当然有许多约数是两位数，这些两位数的约数中，最大是几？（1986 年"华罗庚金杯"少年数学邀请赛决赛第一试第六题）

解 已知这个数的素因数分解式是 $2×2×2×2×2×3×3×3×5×5×7$，两位数的约数可以从大到小排列为 99，98，97，96，…。

我们按这个顺序一个一个地来检查是否是所求的那些约数，设为 $99=3×3×11$，显然已知数的约数不是 11 的倍数，所以不能被 99 整除，可见 99 不合要求；再看 $98=2×7×7$，而已知数中只有一个因数 7，显然 98 也不是它的约数；再看 97，而 97 是一个素数，显然也不符合要求；而 $96=2×2×2×2×2×3$，这是 5 个 2 和一个 3 的连乘积，显然是已知数的约数。

因此，最大的约数是 96。

例 3-10 如图 3-1 所示，四个小三角形的顶点有六个圆圈。如果在这六个圆圈中分别填上六个素数，它们的和为 20，而且每个小三角形三个顶点的数之和相等。问这六个素数的积是多少？（1986 年"华罗庚金杯"少年数学邀请赛决赛第一试第十题）

解 分析一下，从图 3-1 看出，首先以上边的小三角形和中间的小三角形进行比较思考，显然看到它们有两个共同的顶点。又因为两个小三角形顶点上数字之和相等，就可发现最上边的圆圈里填的数和下边中间圆圈里填的数一定一样。

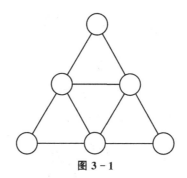

图 3-1

同理，可知左下角圆圈里填的数和右边中间圆圈里填的数相同；右下角和左边中间的圆圈里填的数相同。为了便于说明和找出以上三数分别用字母 A、B、C 表示，见图 3-2，六个圆圈里 6 个素数之和为 20，这 6 个数应是 $A+B+C$ 之和的 2 倍。所以 $A+B+C=10$。

因 10 以下的素数只有 2，3，5，7 四个，显然这 3 个素数之和只能是 $2+3+5$，可见 A、B、C 三数应分别为 2，3，5。因此六个圆圈里应填上两个 2、两个 3、两个 5。

故其乘积是 $2×2×3×3×5×5=900$。

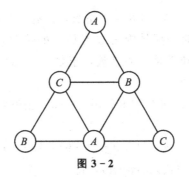

图 3 - 2

例 3 - 11 求出下面算式中各方格的数字，使横式除法成立，并给出推理过程：

$$(\square\square\times\square\square\div\square)^2=8\square\square1$$

解 显然，从算式等式中不难看出，$89<\sqrt{8\square\square1}<95$。

又因为只有 1^2、9^2 的个位数为 1，所以 $8\square\square1$ 的算术平方根只能是 91（不能是 99）。

计算 $91^2=9281$ 可知，算式右边为 9281。

从而 $\square\square\times\square\square\div9=91$，

于是 $\square\square\times\square\square=9\times91=3^2\times13\times7=21\times39=13\times63$。

如果不考虑两个相乘两位数的顺序，便得

$$(21\times39\div9)^2=8281$$

或

$$(13\times63\div9)^2=8281$$

故所求为 $(\boxed{21}\times\boxed{39}\div\boxed{9})^2=8\boxed{2}\boxed{8}1$。

例 3 - 12 有位采购员购笔记本 72 本。由于粗心造成发票中单价残缺，总价的首位数字和末位数字残缺。总价为 $*67.9*$ 元（用"$*$"表示残缺的数字），但他记得残缺数字 $*$ 不是 0。请把残缺的数字从 1，2，3，$\cdots$，9 中求出来。

解 分析，设每本笔记本的单价为 x 分，总价首位上的数字为 y，末位上的数字为 z，于是可将总价 $*67.9*$ 元记为

$$(10\,000y+6790+z)\ 分$$

根据题意，得方程

$$72x=10\,000y+6790+z \tag{3-1}$$

因为总价是 72 的倍数，亦即总价能被 9 和 8 整除，于是

$$(10\,000y+6790+z)\div8=1250y+848+\ (z+6)\ \div8 \tag{3-2}$$

或

$$(10\,000y+6790+z)\ \div9 \tag{3-3}$$

从（3-1）式中可知，$(z+6)\div 8$ 为正整数，只有 z 为数字 2，故得 $z=2$。

又从（3-3）式可知，括号内之数若是 9 的倍数，根据 9 的倍数的性质，则其各数位上的数字之和必是 9 的倍数，于是（3-3）式括号内各数位上数字之和为

$$(y+6+7+9+0+z)\div 9 = 正整数$$

将求出的 $z=2$ 代入，得

$$(y+6+7+9+0+2)\div 9 = (y+24)\div 9$$

可知，$y=3$。将 y、z 之值代入（3-1），得

$$72x = 30\,000+6790+2$$

所以

$$x = \frac{36\,792}{72} = 511 \ （分）$$

答 笔记本单价为 5.11 元，残缺的首位数字为 3，末位数字 2，即总价为 367.92 元。

3.3 国外的字母哑谜

当中国人发明创造的算式复原问题传入西方以后，西方人根据本国实际，发展了一种他们的"数字哑谜或字母哑谜"。这里仅举三个简单例子。

例 3-13 国外有一个著名的字母哑谜：

$$USA + USSR = PEACE$$

试找出每个字母所代表的数字，使其算式复原。

首先说明，上述算式最早见于印度数学家喀普尔（J. N. Kapur）的八卷文集中。隐藏在 USA、USSR 和 PEACE 三个单词后，各字母到底是什么数字呢？

将算式写为竖式

$$\begin{array}{r} U\,S\,S\,R \\ +\ \ U\,S\,A \\ \hline P\,E\,A\,C\,E \end{array}$$

可知是一个四位数加上三位数等于五位数的算式哑谜，破译它的步骤如下：

（1）因和"PEACE"为五位数，被加数"USSR"一定是 9000 多。因此，加数 USA 一定是 900 多。所以 P=1，U=9，E=0。

（2）根据和的末位 E=0，则两个加数 R，A 之和为 10，A 和 R 分别为 1 和 9 或 9 和 1 不可能了（否则重复），因此，A 和 R 只有 4，6；3，7；2，8 三种组合可能，由于和的百位上是 A，所以，我们只能逐一取 A=8、7、6、4、5、3、2 来试试：

①若 A＝8，则因为加数的百位 U＝9，被加数的百位 S 只能取 9 或 8，但 9＝U 已出现过，只能为 A＝8 了。显然 R＝2，这与 S＋U＝A＝9，即 2＋9＝11 矛盾。故 A＝8 不成立。

②若 A＝7，由 S＋U＝A，可知只有 S＝8，但这与 R＋A＝10，进位 1 加上 S＋S＝8＋8 的末尾 6 等于 7，即 C＝7，与此设 A＝7 矛盾。

所以，此设 A＝7 不成立。

③若 A＝6、4，类似上述理由也不成立。

④若 A＝3，由 S＋U＝A 可知，S＝4，则 S＋S＝8，但 R＋A 之进位 1 加上 S＋S 得 C＝9（与 U＝9 重复），故 A＝3 不成立。

⑤显然，逐一检查排除后，可知 A＝2。

当 A＝2，则 R＝8，S＝3，C＝7 成立。

(3) 由此求出 U＝9，S＝3，R＝8，P＝1，E＝0，C＝7，故所求算式为

$$\begin{array}{r} 9338 \\ +\ \ 932 \\ \hline 10270 \end{array}$$

可见这个算式复原题设计得很巧妙，破译起来不太难。

例 3-14 "A MERRY XMAS TO ALL"（圣诞节快乐）是英语中一句祝愿的话，它本身是一个字谜。其中有 10 个不同字母，每一个字母只能代表 0～9 中一个数字，而每个单词是一个平方数，此外每个单词中各数字之和也是一个平方数，请破译这个谜。

解 从以下几步进行思考、分析：

(1) "ALL" 的平方数可能是 100（＝10^2）、144（＝12^2）或 900（＝30^2）；"TO" 可能是 36、81。并且每个单词中各数字之和也是一个平方数，如 100 为 $1+0+0=1^2$，$1+4+4=9=3^2$；$9+0+0=9=3^2$；3＋6＝9；8＋1＝9，故后两个单词满足条件的只有上面三个、二个数。

(2) 当四位数 "XMAS" 是一个平方数，其各位数上的数字之和也是一个平方数时，由 (1) 可知，字母 A 只能是数字 1 或 9，亦即 "XMAS" 的十位数上的数字为 1 或 9，由平方表可查出只有唯一的四位数 7396＝86^2 满足条件 $7+3+9+6=5^2$，所以单词 "XMAS" 为 7396，即 X＝7，M＝3，A＝9，S＝6。从而可知 "ALL" 为 900。

(3) 由于每个字母代表一个数字，则 "TO" 为 81。即 T＝8，O＝1。

(4) 由 (1) ～ (3) 可知，0～9 十个数字中，尚未用到有 2、4、5；又由自然数的平方的个位数的数字不会为 2、3、7、8，故 "MERRY" 中的 "Y" 只能为 4 或 5，即 "3ERR4" 或 "3ERR5"，于是只可能有以下四种情况：

①32554；②35224；③32445；④34225。

但①、②各位数字之和不为平方数，只有③、④符合要求，再查平方表只有④才是平方数，即 $34225＝185^2$，故单词"MERRY"表示数 34225。

综上所述，故得所求算式字谜复原为

"9 34225 7396 81 900"

可见，这一句英语独具匠心地表达了 10 个不同字母恰好分别代表 10 个不同数字，真是神奇美妙，令人拍案叫绝。

例 3－15（排除法破谜） 请看下面匿名算术式：

$$
\begin{array}{r}
\text{SEND} \\
+\quad \text{MORE} \\
\hline
\text{MONEY}
\end{array}
$$

式中共八个不同字母，分别代表 0～9 中的一个数字，试将算式复原。

分析 稍稍思考一下，便能看出 M 肯定是 1，字母 O 肯定是 0。S 不是 8 便是 9，先假定 S＝8，于是

$$
\begin{array}{r}
8\text{END} \\
+\quad 10\text{RE} \\
\hline
10\text{NEY}
\end{array}
$$

因为 M＝1，O＝0，所以 N 一定是 2 或比 2 大的数，因此

8END＋10RE＜9000＋1100＝10100＞10NEY

显然这个式子不成立，故 S≠8，S＝9。

以此类推，仿上一一用排除法，就得到唯一答案 MONEY 为 10652。

所谓排除法，就是在一定范围内，通过把不可能的情况一一排除，而获得最后剩下的唯一答案的方法。

思考题 14

(1) ① 9○13○7＝100

② 14○2○5＝□

把＋、－、×、÷（不重复）分别填入适当的圆圈中，并在方格内填上适当的整数数字，可使上面两个等式成立。（1986年"华罗庚金杯"少年数学邀请赛决赛第二试第二题）

(2) 下列算式中，不同的汉字代表 0，1，…，9 中不同的数字，试将算式复原。

$$
\begin{array}{r}
祝 \\
祝你 \\
祝你新 \\
祝你新年 \\
+\quad 祝你新年好 \\
\hline
1\ 9\ 9\ 3\ 年
\end{array}
$$

（3）竖式乘法：

$$\begin{array}{r} 胆大心细 \\ \times \quad\quad 4 \\ \hline 细心大胆 \end{array}$$

是成立的，请求出这个四位数。

（4）竖式乘法：

$$\begin{array}{r} 1\,a\,b\,c\,d\,e \\ \times \quad\quad\quad 3 \\ \hline a\,b\,c\,d\,e\,1 \end{array}$$

是成立的，求出这个六位数。

（5）有一个数字不同的四位数，除以一位数的竖式除法

$$\begin{array}{r} \times\times\times\quad\;\; \\ \times\,\overline{)\,\times\times\times 5} \\ -\underline{\quad\times\quad\quad\;\;} \\ \times\times\quad\;\; \\ -\underline{\quad\;\;\times\quad\;\;} \\ \times 5 \\ \underline{\times 5} \\ 0 \end{array}$$

试找出这个四位数，并说明理由。

（6）下面两题的方格内应分别填入哪些数字才组成一个完全平方数？

① $1993\square\square\square = x^2$

② $1993\square\square\square\square = g^2$

（7）a、b、c 为三个不同的素数（指 2、3、5、7）满足等式请把 a、b、c 求出来，并说明理由。

4 妙趣横生墓志铭

从前有一个庸医，不学无术，又好面子。担心死后湮没无闻，便用重金托人写了一则墓志铭，刻碑留世。墓志铭全文如下："先生初习武，无所成，后又经商，亦无所获。转学岐黄医术三年，执业多年，无一人问津。忽一日，先生染病，试自医之，乃卒焉。"

墓志铭，常常是用言简意赅地书写他的一生追求和业绩。这则墓志铭，如实地概述了这个庸医不学无术所经历的一生，但不是赞歌。

一般人的墓志铭与这位庸医的墓志内容不同，大多是赞扬。有的数（科）学家或名人，一生奋发努力，获得巨大成功，永为后人称颂。他们逝世以后，人们为他们建墓树碑，碑文多是数（科）学家或名人生前自拟的遗嘱，或者后人选他们的名言壮语或者一生成就，用言简意赅、精辟概括的语言文字、符号、图形来书写他们一生的追求和业绩。许多数（科）学家或名人的墓志铭，别具神韵，妙趣横生，勾人魂魄，使人追忆其为数（科）学献身的精神。他们的墓志铭给人以思想和哲理的启迪，培养人高尚的情操，激励后人为数（科）学事业而献身。

下面选介中外一些数学家或其他科学名人的有趣、幽默的墓志铭，他们妙趣横生的墓志铭，通过数（科）学史书留传下来了。真是"奇思构建的丰碑"。

4.1 顶天立地泰勒斯

古希腊数学家泰勒斯（Thales，约公元前 625～前 547）是爱奥尼亚学派（又称泰勒斯学派）的创始人，被尊称为古希腊"七贤之首"。他主张从大自然现象中求真理，认识到水对万物生存的重要性，提出了"水是万物之本源"的观点，这在当时神统治的情况下是一种朴素的哲学思想，马克思称他是"第一个哲学家"。

泰勒斯出身显贵，生活富足。他本人可以做官出人头地，可他却把金钱、时间和精力全部倾注于哲学、天文学、数学，被誉为"科学之父"。他终身未婚，献身于科学，这也招来饶舌者的非议，说他有福不享，是不务正业的败家子，为此他写了一首诗回答这些人：

多说话并不表示有才能，

去找出一件唯一智慧的东西吧，

去选择一件唯一美好的东西吧，

这样就钳住许多饶舌汉的嘴。

泰勒斯在哲学、数学、天文学上贡献巨大，他是论证几何的创立人，发现了一些几何命题，并创立了对几何命题的逻辑推理（即证明），"他确定了一年是365天，据传说他曾预言过一次日食"。

泰勒斯的奇闻逸事很多（徐品方等，2007）[46]，他约活了77岁，去世后人们纪念他的成就，后人在他坟墓雕上像，并树碑立传颂达这位科学家：

这位天文学家始祖之墓显然不甚宏伟，

但在日月星辰的王国里，

他顶天立地，

万古流芳。

这则墓志铭，在苏联一本《数学简史》书上译为：

这位天文学家之王的坟墓多少小了一些，但他在星辰领域中的光荣颇为伟大。

4.2 数学之神阿基米德

希腊的阿基米德（Archimedes，公元前287～前212）是一个伟大的数学家、力学家、机械师和爱国主义者，他一生发明的实用机械共有40多种，被誉为"力学之父"。他的著作宏丰，技巧之精彩、论证之严格，令人叫绝。英国数学史家希思（T. Heath，1861～1940）在评论中说："这些论著无一例外地都能看成是数学论文的纪念碑。解题步骤的循循善诱，命题次序的巧妙安排，严格摒弃叙述的枝蔓及对整体的修饰润色。总之，给人的完美印象是如此之深，使读者油然而生敬畏的感情。"

美国数学史家克莱因（M. Klein，1908～1992）评价说："阿基米德的严格性比牛顿与莱布尼茨著作中的高明得多。"

阿基米德何以能取得如此伟大成就呢？希腊历史学家普鲁塔克解释说："在整个几何学中，再也找不到比阿基米德用最简单、最直观的方法所证明的更难和更深刻的定理了，有人认为这种明确性应归功于他的天赋的智力。也有人认为这应归功于他顽强的工作，有了这种顽强的精神最难的事也变得容易……仿佛他家中有一个绝色的仙女，与他形影不离，使他神魂颠倒，忘了吃，忘了喝，也忘了自己。有时，甚至在洗澡时，也用手指在炉灰上画几何图形，或者在涂满擦身油的身上画线条。他完全被女神缪斯的魅力征服。"

公元前 212 年秋天,被围困两年多的叙拉古被罗马人攻下,当 75 岁的阿基米德在沙盘上画数学图形时,一个刚攻进城的罗马士兵向他喝问,据说(传说有多个版本),他因出神地在证明数学问题,没有听见士兵的喝问。于是,在士兵刀剑之下,一个伟人倒在血泊之中,他死后,遵其生前遗嘱,墓碑上雕刻了"圆柱容球图"。

阿基米德在《论球和圆柱》中,发现了"圆柱容球"定理:"以球的大圆为底,以球的直径为高的圆柱体,其体积为球的体积的 3/2(或说成球的外切圆柱的体积是球体积的 3/2),其表面积(包括上下底)是球的表面积的 3/2。"

证明十分简单:

$$V_{圆柱体积} = 底面积 \times 高 = \pi r^2 \cdot 2r = 2\pi r^3$$

$$= \frac{3}{2}\left(\frac{4}{3}\pi r^3\right) = \frac{3}{2}V_{球体积}$$

注:因球的体积公式,是阿基米德最早求得的。从这儿有

$$V_{球体积} = \frac{2}{3}V_{圆柱体积} = \frac{2}{3}(\pi r^2 \cdot 2r) = \frac{4}{3}\pi r^3$$

$$S_{圆柱表面积} = 2\pi r \cdot 2r + 2\pi r^2 = 6\pi r^2 = \frac{3}{2}(4\pi r^2) = \frac{3}{2}S_{球表面积}$$

阿基米德一生的所有成就中,他特别珍视这个圆柱容球定理。后人实现他生前遗嘱,在他墓碑上刻出一个圆柱内装了一个内切球的图形,但未刻出其定理。有趣的是,这个"圆柱容球图",竟成为后人发现阿基米德墓址的依据,因为历史变迁,年月久远,土地变化,他的墓地早已荡然无存,成为下落不明之谜。近现代人寻找、考证,原址杂草丛生或成为采石场。据说,有人根据墓穴里面雕刻的一个圆柱体内有一个球的图形,认出这是阿基米德的坟墓。是否确定,尚未得到公认或否定。

4.3 代数鼻祖丢番图

希腊数学家丢番图(Diophantus,约活动于 250~275),生平不详,只从一则收入《希腊诗文选》(500 年)的墓志铭中知其经历。这则用诗写成的数学谜题,其译文至少有 10 多种文字,这里选用梁宗巨《世界著名数学家传记》(上)(梁宗巨,1995)[170] 的译文:

坟中安葬着丢番图,

多么令人惊讶,

它忠实地记录了所经历的道路。

上帝给予的童年占六分之一，

又过十二分之一，两颊长胡，

再过七分之一，点燃起结婚的蜡烛。

五年之后天赐贵子，

可怜迟到的宁馨儿，

享年仅及其父之半，便进入冰冷的墓，

悲伤只有用数论的研究去弥补，

又过四年，他也走完了人生的旅途。

站在丢番图碑前，通过思考、演算，妙趣横生的碑文便会告诉你他活了84岁（留给读者练习，见后思考题15）。

丢番图一生写了三部书：《算术》和失传的《推论集》与《分数算法》。《算术》主要讲数的理论（即数论）和不定方程等。他是不定方程的创始人，如在解形如 $Ax^2+c=y^2$ 类型的不定方程时，有惊人的巧思，独树一帜。但各题都有特殊、绝妙解法，没有一般方法，故有数学家说："近代数学家研究丢番图100题的解法后，而去解101题，解之就觉困难。"我们举一例来看。

求三个数，使得其中任何两数之和是平方数，这三个数之和也是平方数。设此三数为 x、y、z，则丢番图给出答案是 $x=80$，$y=320$，$z=41$。

事实上，

$$x+y=80+320=400=20^2$$
$$x+z=80+41=121=11^2$$
$$y+z=320+41=361=19^2$$

又，$x+y+z=80+320+41=441=21^2$。

这道题，我们如上验证丢番图的答案倒是不难，但要求出这个答案谈何容易。因篇幅有限，其他题略。

4.4 鲁道夫碑上之 π

德国数学家鲁道夫（又译为卢多尔夫，V. C. Ludolph，1540～1610），几乎用了大半生时间致力于计算圆周率 π 的近似值。1596年，他用圆内接及外切正 $60 \cdot 2^{33}$（＝515 396 075 520）边形算出圆周率 π 的小数后20位，到1610年进一步算到小数后35位，无一数之差。于是他写下遗嘱，死后将这35位 π 值作为他的墓志铭。后来在他的墓碑上镌刻着：

$\pi=3.141\ 592\ 653\ 589\ 793\ 238\ 462\ 643\ 383\ 279\ 502\ 88$

这个数在外国被称为鲁道夫数。

4.5 一生坎坷开普勒

开普勒（J. Kepler，1571～1630）是德国天文学家、数学家、物理学家。可怜和不幸伴随着他来到人间。他是一个早产儿，身体虚弱。4 岁时染上的天花病使他变成"麻子"，猩红热弄坏了他的眼睛并使他双手残废。父母对这个病残儿子没有爱和温暖，读小学时他常在父亲开的酒馆里帮工。陪伴他度过一生的是贫困、疾病、不幸和坎坷。但他却把毕生精力献给宇宙、星辰、数学和物理学。

他克服了许多困难，大学毕业后担任天文学和数学教师。在大学里，新教徒指控他不虔诚，因为他有自由的思想。他于 1594 年被派遣到奥地利格拉茨神学院任教。

1598 年，他因宣布拥护哥白尼的"日心说"（地球绕太阳旋转）而遭到迫害，被迫离开格拉茨。两年后的 1600 年，他逃到匈牙利躲起来。后来成了在匈牙利布拉格的天文学泰斗第谷的助手，这是他一生中唯一最快乐的时光。

开普勒于 1609 年与 1619 年发现行星运动三大定律[①]，这是天文学史和数学史的里程碑，亦是科学史上最了不起的归纳结果。难怪他为他的专著《宇宙的和谐》（1619 年）作序时，十分得意地用诗意盎然的话写道：

> 我是在为我的同时代人写书，或者说为子孙后代写书（这无关紧要）。也许，我的书要等一百年才有知音。上帝不是等了六千年才有顶礼膜拜的人吗？

为了纪念开普勒在天文学上的卓著功绩，行星三大定律被称为"开普勒定律"，它成了天空世界的"法律"，后世学者尊称他为"天空立法者"。

开普勒一生坎坷，多灾多难：幼年疾病留下后遗症；青年时代毫无乐趣，还受新教徒之气；婚姻不幸带来长久悲哀；宠儿也死于天花；妻子发疯去世；母亲被指控为巫婆入狱，他花一年时间拼命救母出狱，差一点被蒙上异端邪说的罪名；他担心第二次婚姻再次失败，十分谨慎仔细地从 11 个姑娘中，挑选一位，结果还是漏掉最好的，又带来第二次婚姻的不幸与无奈。他的薪俸迟迟领不到，生活无着只好靠算命来增加收入。1630 年，开普勒去讨要长期拖欠的工资，在途中病重去世，享年 59 岁。

开普勒在极度贫困中死去后，后人在他墓碑上刻出墓志铭：

[①] 三大定律是：一、行星绕太阳运动，其轨道呈椭圆形，太阳位于椭圆的一个焦点处；
二、连接行星与太阳的向径在相等的时间内扫过的面积相等；
三、行星公转周期的平方与它同太阳距离的立方成正比

我曾观测苍穹，今又度量大地，

灵魂遨游天空，身躯化作尘泥。

4.6 科学的巨匠牛顿

划时代的科学巨匠英国数学家牛顿（I. Newton，1642～1727）是个早产儿，生下来瘦小，只有三磅重（不足1.5公斤），接生婆惊呼道："咳，这么一个小不点儿，我简直可以把他塞进一个杯子里去。"后来，他矢志奋发，立志献身科学，甘愿受"荆棘冠冕"的刺痛，他在少年时写了一首"三顶冠冕"的诗，表达他献身科学的理想，原诗是

世俗的冠冕啊，（第一顶帽——笔者注，下同）

我鄙视它如同脚下的尘土，

它是沉重的，

而最佳也只是一场空虚；

可是现在我愉快地欢迎一顶荆棘冠冕，（第二顶）

尽管刺得人痛，

但味道主要是甜的；

我看见光荣之冠在我的面前呈现，（第三顶）

它充满着幸福，永恒无边。

牛顿一生从未患过严重疾病，活到85岁高寿，竟只掉了一颗牙，也未戴过眼镜。

牛顿少儿时代家贫，又遭遇生父、继父先后去世的挫折，生活困难，小时学习又不太好，性格孤僻，但他酷爱读书，尤其是科普著作。他心灵手巧，爱根据书中介绍的模型动手制造风车、风筝、漏壶等。

有一次，他在学校做了一只精巧的水车，因学习成绩不好，被一个学习成绩好的大同学欺侮，还挨了揍，骂他是"笨蛋"、"蠢木匠"。这次把平素善良的牛顿激怒了，他立誓发奋学习超过他。后来，进入中学后，学习成为全班之冠，特别喜欢数学和机械小制作。

牛顿在社会资助下考入大学，大学毕业后成绩优秀，留校工作。不久，他的老师巴罗让出教授位置给他，他成为年轻教授。他与莱布尼茨独立创立微积分，发现力学三大定律，又发现万有引力……成为划时代的科学巨匠。

牛顿取得的成就，并非"天才"、"超人"。他的助手回忆说："牛顿专心致志地工作，经常忘记吃午饭……他很少在夜里两三点钟以前睡觉，而是常常在凌晨五六点钟才上床。"有人问牛顿："您是用什么方法做出那么多发明、发现

呢?"牛顿回答说:"我并没有什么方法,只不过对于一件事情,总是花很长时间热心地考虑罢了。""只有靠不断思考,才能到达发现的彼岸。"这说明一个真理:"天才在于勤奋。"

牛顿一生过着近乎清教徒式的简朴生活,终身未婚,即使成为贵族后,亦未变其本色,他对公益事业和亲友的困难无私地慷慨解囊。牛顿传奇逸事很多,许多书都有介绍,在此不再赘述。

牛顿成就很多,世人评价很高,如1701年,与牛顿一样完成微积分的莱布尼茨评价牛顿说:"在从世界开始到牛顿生活的年代的全部数学中,牛顿的工作超过一半。"

1727年3月21日牛顿辞世。人们崇敬牛顿,据说"参加牛顿葬礼的英国大人物都争抬牛顿的灵柩"。人们感叹说:"英国人悼念牛顿就像悼念一位造福于民的国王。"又据载:"法国作家禁不住虔诚地从牛顿所戴的桂冠上摘下一片叶子珍藏纪念。"

为了纪念牛顿,他去世后,三一学院教堂内,立有牛顿全身雕像,供世人瞻仰。英国诗人波普(A. Pope,1688~1744)在三年后为牛顿所作墓志铭中写下了这样的名句:

> 自然和自然定律隐藏在茫茫黑夜中,
>
> 上帝说"让牛顿出世!"
>
> 于是一切都豁然明朗。

牛顿的墓志铭,在数学中译本里关于波普名句的译文还有:

> 自然和自然规律隐藏在黑夜里,
>
> 上帝说:"降生牛顿"
>
> 于是世界就充满光明。

以上引自《数学家言行录》63页。在另一本数学课外书上,说牛顿墓碑碑文是:

> 死去的人们应该庆贺自己,
>
> 因为人类产生了这样伟大的装饰品。

4.7 雅各布的墓志铭

雅各布·伯努利(Jacob Bernoulli,1655~1705)是瑞士伯努利家族数学世家中重要的数学家之一。原名叫詹姆士(James),雅各布是英语教名。他1671年获巴塞尔大学艺术硕士学位。这里的"艺术"是指"自由艺术",包括多门科学,如算术、几何、天文学、数理音乐的基础,以及文法、修辞和雄辩术等七大门类,表明他博学多才。他遵照父亲的愿望,又于1676年获得神学硕士学位，并成为一位牧师。但雅各布对数学有着浓厚的兴趣，这曾遭到父亲反对，但他违背父亲愿望，自学了大量数学和天文学经典著作，在数学研究上涉及微积分、解析几何、概率论以及变分法等当时堪称高深的数学领域。另外，他还是微积分奠基者之一。

雅各布将毕生心血倾注在数学上，其中特别对对数螺线情有独钟。在平面极坐标系中，方程 $\rho = a^{\theta}$ 所表示的曲线叫做对数螺线，又叫等角螺线（这里 $a > 0$，$a \neq 1$，θ 为极角，现代高中数学上都有），他发现对数螺线经过各种变换后，结果还是对数螺线，见图 4-1。对数螺线的许多奇妙特性令他痴迷。

雅各布惊叹欣赏这一曲线的神奇巧妙之余，他仿效阿基米德在遗嘱里要求他死后，将对数螺线镌刻在他的墓碑上，并附上一句颂词："Eadem mutata resurgo。"（图 4-2），颂词译文"虽然变化了，我还是和原来一样"。雅各布墓志铭，从本质上讲，这句话的意思同杭州三生石故事中"三生石上旧精魂，赏月临风不要论，惭愧情人远相访，此身虽异性长存"的说法完全一样。

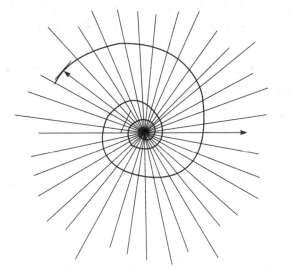

图 4-1 对数螺线（或等角螺线）

图 4-2

4.8 感恩的麦克劳林

英国著名数学家麦克劳林（C. Maclaurin，1698～1746），曾研究过神奇的蜂房结构（见 1.6 节），他用初等数学方法正确地算出蜂房中六边形的钝角是 $109°28'16''$，锐角是 $70°31'44''$，这与实测的结果一致。

麦克劳林是牛顿的学生和继承人，他于 1742 年出版《流数论》一书，试图使牛顿和莱布尼茨建立的微积分严格化，解决当时大主教对最初的微积分中不足的指责。显然，他一方面参与了分析严格化的工作，另一方面也是感谢牛顿对他"初出茅庐"时的热忱引荐和帮助。不仅如此，麦克劳林在功成名就后为了永远感谢他的恩师牛顿，他还要求后人在他死后的墓碑上镌刻着"承蒙牛顿的引导"六个字作为墓志铭，将感恩之情传递下去。

4.9 数学王子高斯

德国著名数学家高斯（C. F. Gauss，1777～1855），3 岁时曾纠正父亲算账中的计算错误，10 岁时巧妙答出 $1+2+3+\cdots+97+98+99+100=5050$，被誉为"神童"。家贫的他勤奋学习，为夜以继日读书，自做油灯，晚上偷偷读到深夜，15 岁得到公爵资助读完高中，18 岁考入哥廷根大学，并研究出了最小二乘法（测量工作和科学家实验中的一种数据处理方法），19 岁证明并用尺规作出正十七边形，解决了 2000 多年的历史难题。从此，他决定献身于数学，并于 22 岁获得博士学位。后来他成为世界驰名的哥廷根大学常任教授和天文台台长。

高斯为人严肃沉稳，生活简朴，一生共发表 155 篇论著，篇篇精美深刻，文字简练，无枝无蔓，句句凝重。高斯到老一直保持少年"神童"的雄风，在数论、代数、数学分析、概率论、天文和物理等许多领域都有他的足迹，被誉为"数学王子"。他曾宣布说："天文学和纯数学，是我心智的罗盘，永远指向磁极。"

有人称赞他是天才时，他不同意地说："如果您和我一样深入持久地思考数学真理，也会做出同样的发现。"

后人对他评价极高，数学史家 M. 克莱因评价高斯："如果我们把 18 世纪以前的数学家想象成一系列高山峻岭，那么一个使人肃然起敬的峰巅便是高斯。"

1898 年，偶然地从高斯之孙的书房里发现了一本珍贵的"高斯日记"，又称为《科学日记》，上面一则日记写着：

1796 年 3 月 30 日，圆的分割定律，如何用几何的方法将圆周分成 17 等份。

证明这一天是 19 岁的高斯作出正十七边形，表明他超凡智慧之箭，射落了悬挂在数学天空中一道 2000 多年的历史难题。高斯解决过无数难题，但对于这道用直尺和圆规作出正十七边形问题，洋溢着他精美的技巧和深刻的睿智。在他生命垂危时，也没有忘记向家人说：我死后将正十七边形这个美丽图案镌刻在墓碑上作为墓志铭。又说是将墓的底座建成正十七边形。

4.10 华蘅芳碑上有圆周率吗？

1989 年 1 月 19 日《人民日报》海外版报道：

我国从汉代起至今，墓碑上记述的都是墓中人生平事迹的文辞，唯有清代杰出的翻译家、数学家华蘅芳（1833~1902）的墓碑与众不同，上面镌刻的是 36 位数字：

31415926535897932384626433 83279 | 05288

······9 50288

凡是有点数学常识的人一看便知，这是圆周率 π 的数值，只是头两个数字 3 与 1 之间没有小数点，并且在末尾一竖线后的五个数字 05288 中 05 是错的，应为 50，即末尾五个数应为 50288。

如果这个报道属实的话，华蘅芳求出 π 值小数点后 30 位正确，不及前面 4.4 节介绍的鲁道夫数。

这篇文章最后说："因此，华蘅芳把它视为平生最得意的研究成果，他临终时嘱其家人将这一 π 值刻在墓碑上"，作为墓志铭。

关于这篇报道，从我们所读到的中外数学史论著中，没有看到这个记载，或许在他的 10 种自著书或 170 多卷译书中有，由于资料关系，我们无法确定其真实性。在此作为一个不肯定的墓志铭或失实报道写于此，有待大家查实。

清代两位著名的数学家、翻译家李善兰和华蘅芳，与传教士合作翻译了大量的数学文献，为西学东渐运动做出了重要贡献。在此对后者先作一简要介绍。[①]。

华蘅芳是清代一位自学成才的数学家、翻译家和教育家。他 7 岁开始读书，酷爱数学，14 岁读完程大位的《算法统宗》，其父见他喜爱数学，便为他购买《九章算术》、《孙子算经》等古算书。华蘅芳天资聪慧，刻苦自学，无师自通。

华蘅芳在自学和探索的道路上遇到了两位长友同乡徐寿和李善兰（1811~1882），在他们诱导和启发下，自学西方传入的高等数学。自学是艰苦的，他初读几页，艰深难懂，"不得其意之外"，"不知其语云耳"。但他锲而不舍地反复研读，终于豁然通达。他写道："譬如傍晚之星，初见一点，旋见数点，又见数十点、数百点，以致灿然布满天空。"

1868 年他在上海江南制造局翻译馆工作，主要从事数学和地质方面的翻译与研究，后 20 多年主要从事教育工作，在数学普及和人才培养方面有殊多贡

---

① 见：陈德华，徐品方 . 2007. 中国古算家的成就与治学思想 . 昆明：云南大学出版社：228~252

献，成为深孚众望的一代学者。

华蘅芳的译著在内容上比李善兰的要更加丰富，文字也更明白晓畅，此外，他的纯头小楷字迹尤其工整。翻译方式上他与李善兰一样，也是外国人口译，他笔录、审定，创用了许多数学名词与符号，如有理、无理、根式等。

华蘅芳十分重视数学教育，如对于课堂教学，他强调循序渐进，"由浅入深，诱掖而引进之"；在数学解题教学中，他认为解题要随机应变，不能"执一而论"，死记硬背为"呆法"，"题目一变即无所用之矣"，须"兼综合法"以解之，方可有效。此外，他主张讲清"未能之事与不能之事"，教法要"坦白以示人"，"惟使人易明"等。

4.11 希尔伯特墓志铭

德国著名数学家希尔伯特（D. Hilbert，1862～1943）并不是一位天才，上小学时，他智力一般，学习中等，记忆力也不太好，进入中学后尽管学习进步很大，但理解能力仍属一般。只不过他勤奋好学，喜欢独立思考，善于推导、演算和证明，尤喜数学。

希尔伯特的父亲经常教诲他：任何时候要做到准时、节俭和信守义务；要勤奋、遵纪和守法。其母亲对他学习数学产生过较大影响。中学毕业时他的数学成绩特别优异，在其毕业证书的背面上，有这样的评语："勤奋是模范；对科学有浓厚的兴趣，理解深刻。"大学毕业后，在德国哥廷根大学任教授，直到1930年退休。

1900年8月8日，在巴黎召开的第二次国际数学家大会上，他作了著名的"数学问题"讲演，向全世界数学界提出23个数学问题，又称"希尔伯特问题"，对20世纪数学发展产生了巨大影响，吸引了许多数学家力图占领这23个数学阵地之一的制高点，夺取世界级冠军，至今有些已被攻克，有的尚未拿下。有人评价说："当今不会有第二个数学家像他一样能全面地提出未来数学发展的问题了。"

希尔伯特对数学的贡献是巨大的。整个数学的版图上，到处都留下了他深深的脚印，有大量以他名字命名的数学定理、术语。他一生共指导培养了69位数学博士。

希尔伯特是一位正义的爱国者，一贯反对狭隘的"爱国主义"和"民族主义"，主张科学无国界。第一次世界大战开始的1914年8月，当时德国政府发布狂热的沙文主义的"告文化界"声明，几乎所有德国著名数学家都签名支持，只有爱因斯坦和他两人拒绝签字；1933年1月希特勒上台，施行法西斯专政，发动侵略外国战争，迫害犹太人，许多科学家被迫离开德国。他痛心疾首，义正词严地提出抗议，仍未制止哥廷根科学家离德流亡国外。

1930 年，在柯尼斯堡自然科学家的大会上，希尔伯特被他出生的城市授予荣誉市民称号。他在题为"自然的认识与逻辑"致词中，批判了"堕入倒退与不毛的怀疑主义"，并在演说结尾坚定地宣称：

Wir müssen wissen,

Wir werden wissen!

（译文：我们必须知道，我们必将知道!）

1943 年，希尔伯特辞世后，他的这两句乐观主义的，对解决数学难题所持态度的名言，镌刻在哥廷根的希尔伯特的墓碑上，成为他的墓志铭。

1944 年，德国数学家外尔（H. Weyl，1885～1955）曾风趣地说："希尔伯特就像穿杂色衣服的风笛手，他那甜蜜的笛声诱惑了如此众多的老鼠，跟着他跳进了数学的深河。"又评价说："我们这一代数学家当中还没有谁能达到与希尔伯特相提并论的崇高形象。"

在希尔伯特 100 周年诞辰的纪念会上，他的学生、著名数学家美籍德国人柯朗（R. Courant，1888～1972）发表演讲，阐述了希尔伯特精神："希尔伯特那感染力的乐观主义，即使到今天也在数学中保持着它的生命力。唯有希尔伯特的精神，才会引导数学继往开来，不断成功。"

下面，我们选介一些著名科学家、作家、戏剧家等名人去世后，后人为他们镌刻的、十分有意义的墓志铭。对比欣赏一下文、理名家墓志铭的风采，是很有意思的。

4.12 印刷人富兰克林

美国科学家富兰克林（B. Franklin，1706～1790），在电学、地学、植物学、数学、化学等方面都有杰出的贡献。

1752 年 7 月，富兰克林与俄罗斯科学家蒙诺索夫和利赫曼冒着生命危险，探索雷电之谜。他用绸做了一个大风筝，风筝上缚一根铁丝，然后把放风筝用的麻绳系在铁丝上，在麻绳下端，再系上一个金属钥匙。当美国费城上空乌云密布，雷声响起，暴风雨欲将来临时，他们在市郊开阔地方，让富兰克林精心设计的这只风筝乘风而起，自由自在地直入雷云之中。人触摸到系在风筝上的麻绳，顿觉麻木，因为雷云中的电波引到地面上来了。这就是富兰克林冒着生命危险在做大气电方面的一个风筝实验。后来他发明了避雷针。

富兰克林出身贫寒，只读过两三年的书，12 岁被送到印刷所当学徒，20 岁出头时开始自己当老板经营印刷业，一直到老。

富兰克林十分珍惜时间，勤奋自学，以弥补小时读书少的缺憾。他从印刷的报刊、书籍中学到了不少科学知识，并开始在报纸上发表文章。他经常说："读书是我唯一的娱乐。我从不把时间浪费于酒店、赌博或任何一种恶劣的游戏；而我对于事业的勤劳，从不厌不倦。"他曾引用一句谚语告诫人们："空无一物的袋子是难以站得笔直的。"他惜时间如生命地说："你热爱生命吗？那么别浪费时间，因为时间是组成生命的材料。"

富兰克林认识了几个书店里的学徒和一些藏书丰富的人。他常在晚间敲开朋友家的门，向他们借书。借到书后，披星戴月赶回家里，点起一盏小灯通宵达旦，用心地读。读着读着，感到疲乏了，他就用冷水洗洗脸，坐下来继续阅读，直到读完为止。朋友敬佩地称赞他："真是个读书迷！"

富兰克林40岁以后，结合多年的科学实验，全身投入科学研究，获得了许多头衔和荣誉，但他从不以此炫耀自己，也不因为自己出身微贱而内疚，反而引以为荣。他认为唯有科学事业才是永存的。

富兰克林在逝世前几年，就为自己写好了如下墓志铭：

> 印刷业者杰明·富兰克林的身体（像一本旧书的皮子，内容已经撕去，书面的印字和烫金也剥掉了）长睡此地，作蛆虫的食物。然而作品本身绝不致泯灭，因为他深信它将重新出版，经过作者加以校正和修饰，成为一种簇新的更美丽的版本。

他只字未提自己的各种荣誉头衔。

4.13 齐奥尔科夫斯基

前苏联伟大科学家齐奥尔科夫斯基（1857～1935）是火箭技术和星际航行学的奠基人，是在火箭和星际航空方面贡献很大的科学家，被誉为"火箭之父"、"航空专家"。

齐奥尔科夫斯基出生在一个贫寒的森林守护人之家，自幼好学，什么事情都问个"为什么"，都想"打破砂锅问到底"。不幸在10岁时患了猩红热病，后来几乎完全丧失听觉，同时也失去了上学读书的机会。只能靠慈母教他识字。不幸接踵而来，两年后母亲去世，又雪上加霜地给这个可怜的半聋儿童带来各种困难。

逆境，给他带来忧愁、痛苦和不幸，然而逆境却能磨炼意志，砥砺思想，发奋图强。也许，奇迹可能在厄运中发生。他14岁开始，利用父亲仅有的几本自然科学书籍刻苦自学，没有老师指导。书籍是他随请随到的老师，艰苦和难度大的自学却是通向科学高峰的一条山路，也是掌握知识的必由之路。他常常为一道题冥思苦想好几天。有一次，他正在街上走着，突然像发了疯似的掉头往回跑。原来他在半路上想出了一道算术题的解法。

16 岁那年，他只身来到沙皇俄国的首都彼得格勒寻找学习的机会。却被家贫这堵墙挡住他到正规学校的读书之路，他只好住在一个贫苦洗衣妇家里。白天在图书馆里废寝忘食地自学，攻读自然科学，在短短的两年中，他自学完了初等数学和高等数学（如微积分、高等代数、解析几何和球面三角）等课程。除吃饭外，他父亲寄来的一点钱几乎全用于购买书籍和做实验用的化学药品等，过着半饥半饱的日子。

工夫不负苦心人，23 岁时，他终于成为公立中学的物理和几何教师。40 年的教师生涯，仍未使他摆脱生活的困苦，他曾在回忆中写道："当时，我除了凉水和黑面包以外，就一无所有了。"然而，他脑子里总忘不掉幼年时母亲买给他的那只氢气球，这只气球使他产生了越来越强烈的飞往星空的梦想。为了实现少年之梦，他一边教书，一边自学、写论文、做实验，完成了金属飞艇和星际火箭等设计工作。但他遭到当时人们的讥笑，骂他是空想家、疯子，可是他对自己说："没有疯子的空想是飞不上天的。"

当时，地球上还没有一架真正的飞机飞上天空，可是他顽强地研究航空科学，发表了人造卫星图样和以人造卫星为星际航行的中途"宇宙空间站"等成果。他的理论可使"星际和星际之间的旅行成为可能的现实"。他自称是"宇宙的公民"。

1917 年俄国"十月革命"胜利以后，他的聪明才智得到了充分发挥。他制成了一只飞船模型，1929 年又提出了用多级火箭飞离地球的理论。

1935 年，齐奥尔科夫斯基去世，人们在他的墓碑上镌刻他的名言，作为墓志铭：

> 地球是人类的摇篮，但人不能永远生活在摇篮里，他们不断争取扩大生存世界和空间，起初小心翼翼地穿出大气层，然后就是征服整个太阳系。

上面介绍了一些数（科）学家的墓志铭，为了对比了解文、理名家的不同风格的墓志铭，特选几位著名作家、诗人的墓志铭以供赏析。

4.14 莎士比亚的碑文

英国文艺复兴时期的戏剧家、诗人莎士比亚，学有所得，发表了许多脍炙人口的剧本和十四行诗。对欧洲文学和戏剧的发展有着重大的影响，被后人誉为"不朽的诗人"。

1610 年前后，他退出伦敦戏剧界，回到家乡小镇安度晚年。六年后的 1616 年因病辞世。

据说临终前他自己撰了墓志铭，后人把它镌刻在他的墓碑上，内容是：

> 看在耶稣的份上，好朋友，
> 切莫挖掘这黄土下的灵柩；
> 让我安息者将得上帝祝福，
> 迁我尸骨者将受亡灵诅咒。

至今几百年来，谁也没有去惊扰戏剧大师莎翁的永恒之梦，并且他的故居、坟墓，还有露西爵士的花园仍保留完好。

4.15 火一样的赫尔岑

俄国作家赫尔岑（1812～1870），出生于一个富豪的贵族之家。他不愿享受富裕生活与家庭的"锦绣前程"，从少年起就反抗沙皇的独裁专制制度。大学毕业后投入到火热的革命斗争活动中去，一生中有一半时间流亡海外。他被俄国革命领袖列宁誉为"举起伟大的斗争旗帜来反对这个蠢贱的'沙皇君主制度'的第一人"。

他去世后，在地中海北岸的法国城市尼斯，竖立着他的一尊雕像。他凝望着波涛翻滚的海面，仿佛仍然在思索着，在铜像下面有一块墓石，上面镌刻着一段文字，记述赫尔岑的家庭以及他的丰碑：

> 他的母亲路易莎·哈格和他的幼子柯立亚乘船遇难淹死在海里；他的夫人娜塔里雅患结核病逝世；他的十七岁女儿丽沙自杀死去；他的一对三岁的双生儿女患白喉死亡。他就只活了五十八岁！但是苦难并不能把一个人白白毁掉。他留下三十卷文集。他留下许多至今还是像火一样燃烧的文章。它们在今天还鼓舞着人们前进。

4.16 爱大自然的卢梭

法国启蒙思想家、作家、教育家卢梭（J. J. Rousseau，1712～1778）是位反封建的勇敢战士，他的理论著作《论人类不平等的起源和基础》和《民约论》等对法国资产阶级革命产生过较大的影响；文学著作《新哀洛绮丝》和《忏悔录》（死后出版）、教育研究著作《爱弥尔》（1762 年）等表明他是伟大的民主主义教育家。

卢梭 1778 年 7 月 2 日病逝，被安葬在一个侯爵别墅的花园里。墓碑上镌刻

了他自撰的碑文:

> 睡在这里的是一个爱自然和真理的人。

这碑文,概括了他崇尚自然,追求真理的一生。

4.17 炫耀官职墓志铭

中西方有些墓志铭形成鲜明的对比[①],如美国第三、四任总统杰斐逊的墓志铭上写着三行字:

> 弗吉尼亚法案的制定者;
>
> 《独立宣言》的起草者;
>
> 弗吉尼亚大学的创始人。

相比之下,在我国,同为历史名人,有的墓志铭却成了炫耀生前权势、地位的看板,如湖南平江的杜甫墓碑上堂而皇之地刻着:

> 大唐左拾遗工部员外郎杜文贞公墓

又如山东曲阜孔林中孔尚任的墓碑上赫然写着:

> 大清奉直大夫户部广东清吏司员外郎东塘先生之墓

其实,杜甫的诗歌与孔尚任的戏剧曾震撼了多少人的心灵!员外郎之类的官职与他们的文学成就相比又算得了什么。

从上看出一点,西方社会崇尚实际、不事奢华的社会风气,而我国古代人的官本位思想太重。

4.18 幽默的墓志铭选

为了助兴,在此辑录一些幽默或黑色幽默的墓志铭。

德国作家拉布(1831~1910)曾说:"幽默是生活波涛中的救生圈。"幽默作为一种智慧的力量,是一种潇洒的智慧,一种深邃的情怀,一种博大的精神,更是一种生命的艺术。

有的墓志铭内容之幽默,令人捧腹。阅读报刊,妙手偶拾,抄录几则于下[②]。

(1)在英国约克郡地区,牙医约翰·布朗的墓碑上写着:"我一辈子都花在为人填补蛀牙上,现在这个墓穴得由我自己填进去啦。"

---

① 杰斐逊、杜甫、孔尚任的墓志铭,转引自新民晚报,2008 - 4 - 6
② 摘自辽宁日报,1992 - 2 - 15

（2）英国德比郡的一处墓园中，有这样一篇铭文："这儿躺着钟表匠汤姆斯·海德的外壳，他将回到造物者手中，彻底清洗修复后，上好发条，行走在另一个世界。"

（3）在美国佛蒙特州安诺斯堡的墓园里，有一块碑上写着："这里躺着我们的安娜，她是被香蕉害死的，错不在水果本身，而是有人乱丢香蕉皮。"

（4）在新罕布什尔州堪农镇上，一位教会执事为妻子刻了这样的碑文："莎拉休特，1803～1840，世人请记取教训，她死于喋喋不休和过多的忧虑。"

（5）在英国铎尔切斯特地区有块墓碑上刻着："这儿躺着一个不肯花钱买药的人，他若是知道葬礼的花费有多少，大概会追悔他的吝啬。"

（6）"墓碑下是我们的小宝贝，他既不哭也不闹，只活了 21 天，花掉我们 40 元钱。"

（7）有一对夫妻为出生两周便夭折的孩子在墓碑上写道："他来到这世上，四处看了看，不满意，就回去了。"

思考题 15（妙趣横生的墓志铭）

> 过路的人！
>
> 丢番图长眠于此。
>
> 倘若你懂得碑文的奥妙，
>
> 它会告诉你丢番图的寿命。
>
> 他一生的六分之一是幸福的童年，
>
> 十二分之一是无忧无虑的少年，
>
> 此时他两颊长起了细细的胡须。
>
> 再过去七分之一的年华，
>
> 他点燃起结婚的蜡烛。
>
> 五年后天赐贵子，
>
> 不料他的爱子竟然早逝，
>
> 年龄不过父亲寿命的二分之一，
>
> 晚年丧子老人虽可怜，
>
> 但他在数学研究中寻求慰藉，
>
> 又度过了四年，
>
> 他终于也结束了自己的一生。

（请你算一算，丢番图活到几岁，才和死神见面？）

注：丢番图（Diophantus，约 246～330）是古希腊数学家。他的墓志铭，我们看到的至少有 10 种版本。

5 数学王国怪事多

数学宫殿绚丽多彩，数学王国秩序井然。在数学皇宫生活的人都得严格遵守数学王国的规章制度，就像数学上的命题必须按照定义、定理进行合乎逻辑的推论，或者和它建立起来的一套完整的公式、法则、定理一样。否则，数学王国就会怪事多，就会捉弄你。我们这里所说的"怪事"，就是指"诡辩"。

外表上、形式上好像是运用正确的推理手段，实际上违反逻辑规律，做出似是而非的推论，这种现象就叫诡辩。

"诡辩"一词最早出现在公元前5世纪的古希腊，最初叫"智者"，原意是指"智慧的人"。智者在雅典盛行并形成了一个学派，叫做"诡辩学派"，也译作"哲人学派"或"智人学派"。

在我国，"诡辩"盛兴于春秋战国的诸子时代（公元前3世纪以前），如当时开始的"百家争鸣"就是例证。

"诡辩"一词现代变为贬义词，有点像"无理强辩"或"无理狡辩"了。

数学上的诡辩，就是应用数学方法进行推理的过程中，在它的一个环节里故意或无意留下一个难以觉察到的错误，使大家相信众所周知的数学原理并不正确，这就是数学的诡辩。

在本章，为了便于说明与介绍，我们举出中学数学上的诡辩问题（这些都是我们在教学中遇见与加工整理的典型问题），读者先不要看答案，根据数学诡辩题，从中去发现错误，最后再核对答案，千万不要放弃思考、发现错误的锻炼机会。

在介绍之前，先讲一个有趣的诡辩故事。

古代，有个叫朱胡的读书人，自命不凡，喜欢跟人家辩论，非把无理说成有理，愚笨不堪。

有一天，他跑到赵勇那里，问道：

"骆驼的脖子上总挂着铃儿，那是为什么？"

"骆驼的体积很大，经常夜间走路，怕狭路相逢，难以回避。挂上铃儿，对方一听铃声，便好准备让路。"赵勇回答说。

朱胡又问："宝塔上也挂着铃儿，难道也是因为夜间走路要互相回避吗？"

赵勇不悦地回答说："你这个人好不懂事理！有些鸟雀喜欢在高处做巢，鸟雀容易弄脏地面，塔上挂铃，风吹铃响，赶开鸟雀。为什么要和骆驼挂铃相提并论呢？"

看来，与其说朱胡是诡辩，莫如说他是强词夺理更贴切些。

在数学上，也有存在诡辩的地方，但只要我们牢固地掌握数学概念，进行正确判断，通过一些"数学诡辩题"的练习，就能检查你数学概念掌握得牢不牢固了，从而培养逻辑思维能力。

5.1 代数方面诡辩题

1. 任何两个数都相等

有三位粗心的人，数学概念掌握不牢固，他们都奇怪地"证明"出"任何两个数都相等"的荒谬结果。请你用概念的金星火眼，指出其错误的地方。

(1) 甲的证法是：设 p，q 是任意两个数，$p \neq q$。由于 $1^p = 1$，又因为 $1^q = 1$，所以

$$1^p = 1^q$$

根据指数运算法则："底相等，幂相等，则指数相等"所以 $p = q$，即任意两个数相等。

(2) 乙的证法是：设 p，q 是任意两个数，$p \neq q$，由于 $(-1)^p = (-1)^{2 \cdot \frac{p}{2}} = \left[(-1)^2\right]^{\frac{p}{2}} = 1^{\frac{p}{2}} = 1$，又因为 $(-1)^q = (-1)^{2 \cdot \frac{q}{2}} = \left[(-1)^2\right]^{\frac{q}{2}} = 1^{\frac{q}{2}} = 1$。所以 $(-1)^p = (-1)^q$。

所以 $$p = q 。$$

(3) 丙的证法是：设 p、q 是任意两个数，$p \neq q$。由于

$$p^2 - 2pq + q^2 = q^2 - 2pq + p^2 \qquad (5-1)$$

即 $$(p-q)^2 = (q-p)^2 \qquad (5-2)$$

开平方得 $$p - q = q - p \qquad (5-3)$$

即 $$2p = 2q$$

所以 $$p = q$$

[剖析] (1) 甲的证法中，在指数运算中，引用"底相同，幂相等，则指数相等"这个法则时，忽略此法则是对于底数不等于 1 的正数来说的，即 $a^m = a^n$，$a > 0$ 且 $a \neq 1$，则 $m = n$。

(2) 乙的证法中有两处错误，一是使用指数的运算法则，$(a^m)^n = a^{mn}$，要求底数 a 必须为不等于 1 的正数，即 $a \neq 1$ 且 $a > 0$；二是最后一步错的理由同甲。

(3) 丙的证法也有两处错，一是 (5-1) 式为什么相等，实质上承认 $p^2 = q^2$，p、q 为正数时 $p = q$；二是由 (5-2) 开方得 (5-3)，应注意 $p - q$ 和 $q - p$ 不一定为正，即一定要取算术根才不会出错。

2. 任何一个数等于它的相反数

解法 1　设 p 是任何一个数，则它的相反数为 $-p$，

$$-p=\sqrt[3]{(-p)^3}=\sqrt[6]{(-p)^6}=\sqrt[6]{p^6}=p$$

解法 2　因为 $\dfrac{p}{-p}=\dfrac{-p}{p}$，两边开平方，

$$\sqrt{\frac{p}{-p}}=\sqrt{\frac{-p}{p}}$$

即得

$$\frac{\sqrt{p}}{\sqrt{-p}}=\frac{\sqrt{-p}}{\sqrt{p}}$$

从而

$$(\sqrt{p})^2=(\sqrt{-p})^2$$

所以

$$p=-p$$

[剖析]　解法 1 错误出在概念：根式运算法则 $\sqrt[n]{a^n}=\sqrt[mn]{a^{mn}}$ 是在 $a\geqslant0$ 条件下成立。所以 $\sqrt[3]{(-p)^3}=\sqrt[6]{(-p)^6}$ 在 $-p\geqslant0$ 才对。

解法 2 错在 $\sqrt{\dfrac{b}{a}}=\dfrac{\sqrt{b}}{\sqrt{a}}$ 是在 $a>0$，$b\geqslant0$ 的条件下成立，所以 $\sqrt{\dfrac{p}{-p}}\neq\dfrac{\sqrt{p}}{\sqrt{-p}}$，并且 $(\sqrt{p})^2=(\sqrt{-p})^2$ 推出 $p=-p$，一定取算术根条件下才成立，即 $p>0$，或 $-p>0$ 才对。

3. $\dfrac{1}{2}=-1$ 吗？

已知：$\dfrac{a}{b+c}=\dfrac{b}{c+a}=\dfrac{c}{a+b}$，求 $\dfrac{a}{b+c}$ 的值。

解法 1　因已知 $\dfrac{a}{b+c}=\dfrac{b}{c+a}=\dfrac{c}{a+b}$，根据等比定理，

$$\frac{a}{b+c}=\frac{a+b+c}{(b+c)+(c+a)+(a+b)}=\frac{a+b+c}{2(a+b+c)}=\frac{1}{2}$$

解法 2　因

$$\frac{a}{b+c}=\frac{b}{c+a}=\frac{-b}{-(c+a)} \tag{5-4}$$

根据等比定理，

$$\frac{a}{b+c}=\frac{a+(-b)}{(b+c)+[-(c+a)]}=\frac{a-b}{b-a}=-1 \tag{5-5}$$

[剖析]　解法 1 的条件是在 $a+b+c\neq0$ 时，$\dfrac{a}{b+c}=\dfrac{1}{2}$。解法 1 中没有说明。

解法 2 首先错在由（5-4）得（5-5），其理由不是等比定理。等比定理是，

若 $\dfrac{a}{b}=\dfrac{c}{d}=\dfrac{e}{f}=\cdots$，则

$$\frac{a+c+e+\cdots}{b+d+f+\cdots}=\frac{a}{b}=\frac{c}{d}=\frac{e}{f}=\cdots$$

所以 $\dfrac{a}{b+c}=-1$ 是错的，

所以，$\dfrac{1}{2}\neq-1$。

4. $x=x+1$

求证：$x^2-(2x+1)x=(x+1)^2-(x+1)(2x+1)$。

证明 将原式两边同时加上 $\left(\dfrac{2x+1}{2}\right)^2$，有

$$\left(x-\frac{2x+1}{2}\right)^2=\left[(x+1)-\frac{2x+1}{2}\right]^2$$

两边开平方，得

$$x-\frac{2x+1}{2}=(x+1)-\frac{2x+1}{2}$$

所以 $x=x+1$。

[**剖析**] 错误在由

$$\left(x-\frac{2x+1}{2}\right)^2=\left[(x+1)-\frac{2x+1}{2}\right]^2$$

两边开平方没有取算术根。因为

$$左边=x-\frac{2x+1}{2}=-\frac{1}{2}$$

$$右边=(x+1)-\frac{2x+1}{2}=\frac{1}{2}$$

所以，开方后等式左边应写成 $\dfrac{2x+1}{2}-x$。

5. 为什么遗失根

解方程 $\dfrac{1}{x-10}+\dfrac{1}{x-6}=\dfrac{1}{x-7}+\dfrac{1}{x-9}$。

解 两边分别通分，得

$$\frac{2x-16}{x^2-16x+60}=\frac{2x-16}{x^2-16x+63}$$

因分子相等，则分母相等，所以 $x^2-16x+60=x^2-16x+63$，所以 $60=63$，原方程无解。

另一方面，当 $x=8$ 时，

$$方程左边 = \frac{1}{x-10} + \frac{1}{x-6} = -\frac{1}{2} + \frac{1}{2} = 0$$

$$方程右边 = \frac{1}{x-7} + \frac{1}{x-9} = 1 - 1 = 0$$

可见 $x=8$ 是原方程的一个根。

那么这个根为什么遗失呢？

剖析 我们知道，解分式方程时，一般是去分母化为整式方程来解，但必须验根。而本题遗失根的原因是使用"分子相等，则分母相等"产生的，因为它违背下述定理或推论。

定理 在两个相等的分式中，如果分子相同，那么分子为零或者两个分母相等。

推论 在两个相等的分式中，如果分子相同，并且两个分母仅有一个常数不同，那么分子为零。

显然，上面化简分式方程时，没有按定理或推论所说情形进行，遗失解 $2x-16=0$，得 $x=8$。

事实上，若读者不知道这个定理或推论，怎样解这类特殊分式方程，应采用因式分解来解，即

$$\frac{2x-16}{x^2+16x+60} - \frac{2x-16}{x^2+16x+63} = 0$$

提取公因式，

$$(2x-16)\left(\frac{1}{x^2+16x+60} - \frac{1}{x^2+16x+63} \right) = 0$$

所以 $2x-16=0$ 或 $\frac{1}{x^2+16x+60} - \frac{1}{x^2+16x+63} = 0$，所以 $x=8$ 或 $60=63$（不成立）。

6. 一元一次方程有两个根

解方程 $x + \sqrt{2}\,x = 1$。

解 原方程变形为 $\sqrt{2}\,x = 1 - x$，两边平方，得 $2x^2 = 1 - 2x + x^2$，即 $x^2 + 2x - 1 = 0$，解得 $x = -1 \pm \sqrt{2}$。

于是得出错误结果：一元一次方程有两个根。

[剖析] 错在方程两边平方时，扩大了未知数范围而产生增根。一般讲，我们应尽力避免开方（扩大未知数）。万一要平方，必须验根，舍去增根。本题正确解法，由 $x + \sqrt{2}\,x = 1$，得 $x(1 + \sqrt{2}) = 1$，所以

$$x = \frac{1}{1+\sqrt{2}} = -1 + \sqrt{2}$$

7. 父子年龄相同

设父亲的年龄为 x，儿子的年龄为 y，父子年龄之和为 $2a$，即

$$x + y = 2a \qquad\qquad (5-6)$$

（5-6）两边同乘以 $x-y$ 得

$$x^2 - y^2 = 2ax - 2ay \qquad\qquad (5-7)$$

移项，得

$$x^2 - 2ax = y^2 - 2ay \qquad\qquad (5-8)$$

将 (5-8) 两边加上 a^2，得

$$x^2 - 2ax + a^2 = y^2 - 2ay + a^2 \qquad\qquad (5-9)$$

即

$$(x-a)^2 = (y-a)^2 \qquad\qquad (5-10)$$

两边开方得

$$x - a = y - a \qquad\qquad (5-11)$$

所以 $x = y$，即父子年龄相等。

[剖析]　由（5-6）到（5-7）时，两边同乘以 $x-y$，要分两种情况讨论：

（1）当 $x-y=0$ 时，$x=y$，推论不成立，父子年龄不等。

（2）当 $x-y \neq 0$ 时，从（5-6）到（5-10）为同解变形，正确。但从 (5-10) 到（5-11）开方，要取算术根，显然 $x-a$ 与 $y-a$ 必为异号，即开方得（5-11）应为 $x-a=a-y$，而不是 $x-a=y-a$，$x \neq y$，所以 $x+y=2a$。

8. 两元钱不翼而飞

某超市水果部新运来一批苹果。每筐重 60 斤，其中一级苹果每 2 斤卖一元钱。二级苹果每 3 斤卖一元钱。第一天两种苹果各卖一筐，共收款 50 元。第二天小李当班，两种苹果她各要了一筐，并将其混合在一起，按 2 元钱 5 斤苹果的方式出售。当她卖完后，发现只收了 48 元钱，少了 2 元钱，她大吃一惊，不知道如何向经理交账。

[剖析]　根据题设，一级苹果每斤 $\frac{1}{2}$ 元，二级苹果每斤 $\frac{1}{3}$ 元。分开卖每斤苹果平均价格是 $\left(\frac{1}{2}+\frac{1}{3}\right) \div 2 = \frac{5}{12}$（元），共卖去 120 斤，得款 $\frac{5}{12} \times 120 = 50$（元）；而合在一起卖，每斤平均价格是 $\frac{1+1}{2+3} = \frac{2}{5}$（元），共卖去 120 斤，得款

$\frac{2}{5} \times 120 = 48$（元），因此，差 $50 - 48 = 2$（元）。

一般地，设一级苹果单价为 $\frac{b}{a}$ 元，二级苹果单价为 $\frac{d}{c}$ 元。分开卖每斤苹果平均价格是 $\left(\frac{b}{c} + \frac{d}{c}\right) \div 2$；合在一起卖每斤苹果平均价格是 $\frac{b+d}{a+c}$ 元。两种卖法的差额是

$$\left(\frac{b}{a} + \frac{d}{c}\right) \div 2 - \frac{b+d}{a+c} = \frac{1}{2} \frac{bc-ad}{a(a+c)}\left(1 - \frac{a}{c}\right) \qquad (5-12)$$

在 $\frac{b}{a} > \frac{d}{c}$ 即 $bc - ad > 0$ 时，

① 如果 $a = c$，则（5-12）式为 0，即单卖、合卖都一样；

② 如果 $a > c$，则（5-12）式为负，即单卖赚钱少；

③ 如果 $a < c$，则（5-12）式为正，即单卖赚钱多。

此题属于第②情形，故少了 2 元。

9. 兔子追乌龟问题

小王问小张："兔子和乌龟，你说谁跑得快？"

"当然是兔子快！"小张回答说。

"那么，兔子从后面追前面的乌龟，一定追得上吗？"

"一定追得上！"

"不一定！"小王自信满满地说："假如兔子的速度是乌龟的 10 倍，开始时，兔子在乌龟后面 10 里，当兔子追完这 10 里时，乌龟又向前爬了 1 里；当兔子追完这 1 里时，乌龟又向前爬了 0.1 里……照这样下去，当兔子追完这段路程时，乌龟又相应地向前爬了 $\frac{1}{10}$ 的路程。你说，兔子到何年何月能追上乌龟呢？"

小张听了，似乎觉得推理有问题，但一时间却也无言以驳。

读者朋友，你能帮助小张揭穿诡辩之谜底吗？

[剖析] 小王把兔子追乌龟的路程分成了"无穷段"，但追完这"无穷段"的路程并不需要无穷的时间：t_1，t_2，…，t_n，…构成的无穷递缩等比数列：

$$1, \frac{1}{10}, \frac{1}{10^2}, \cdots, \frac{1}{10^{n-1}}, \cdots \text{（小时）}$$

事实上，这个无穷等比数列前 n 项的和是

$$S_n = 1 + \frac{1}{10} + \frac{1}{10^2} + \cdots + \frac{1}{10^n} \text{（小时）}$$

根据等比数列前 n 项和公式 $S_n = \frac{a_1(1-q^n)}{1-q}$，这里公比 $q = \frac{1}{10}$，$a_1 = 1$，所以

$$S_n = \frac{1\left[1-\left(\frac{1}{10}\right)^n\right]}{1-\frac{1}{10}} = \frac{1-\frac{1}{10^n}}{\frac{9}{10}}$$

所以

$$\lim_{n\to\infty} S_n = S = \frac{1}{\frac{9}{10}} = \frac{10}{9} \text{ (小时)}$$

即兔子只用 $1\frac{1}{9}$ 小时就追上了乌龟。

这个问题是古希腊芝诺（Zeno，前 490～约前 430）提出的著名"芝诺悖论"（"悖论"就是一个自相矛盾的命题）之一，它涉及无穷、极限概念，在芝诺年代无法解决，当 17 世纪微积分诞生以后，上述诡辩题的谜底便揭穿了。

10. 错在哪里

当 $m>0$ 实数时，解方程

$$\sqrt{x+4} + \sqrt{x-4} = 2m \qquad (5-13)$$

解 将方程 (5-13) 变形为

$$\sqrt{x+4} = 2m - \sqrt{x-4}$$

两边平方，整理后，有

$$m\sqrt{x-4} = m^2 - 2 \qquad (5-14)$$

两边再平方，整理、化简，得原方程解为

$$x = m^2 + \frac{4}{m^2}$$

[剖析] 错在从方程 (5-13) 得到方程 (5-14) 以后，没有进行讨论。

(1) 当 $0<m<\sqrt{2}$ 时，$m^2-2<0$，原方程无解；

(2) 当 $m\geqslant\sqrt{2}$ 时，得 $x=m^2+\dfrac{4}{m^2}$。

此外，解无理方程一般都要进行验根，通过验根发现原解法的错误。怎样验根呢？

把 $x=m^2+\dfrac{4}{m^2}$ 代入原方程 (5-13)，左边 $=\sqrt{\dfrac{(m^2+2)^2}{m^2}}+\sqrt{\dfrac{(m^2-2)^2}{m^2}}$，由于 $m>0$，所以有

$$\sqrt{\frac{(m^2+2)^2}{m^2}} + \sqrt{\frac{(m^2-2)^2}{m^2}} = \frac{m^2+2}{m} - \frac{|m^2-2|}{m}$$

(1) 当 $m^2-2\geqslant0$，即 $0<m<\sqrt{2}$ 时，原方程无解；

(2) 当 $m \geqslant \sqrt{2}$ 时，原方程的解法为 $x = m^2 + \dfrac{4}{m^2}$。

11. 哪个最小值是对的

已知 $3x + 5y = 4$，求 $u = x^2 + y^2$ 的最小值。

解法 1 因为

$$u = x^2 + y^2 \geqslant 2xy \qquad\qquad (5-15)$$

当且仅当 $x = y$ 时，（5 - 15）式中等号成立，将 $x = y$ 代入 $3x + 5y = 4$，得 $x = y = \dfrac{1}{2}$。

解法 2 由 $3x + 5y = 4$，得 $x = \dfrac{1}{3}(4 - 5y)$，所以

$$u = x^2 + y^2 = \left[\frac{1}{3}(4 - 5y)\right]^2 + y^2 = \frac{34}{9}\left(y - \frac{10}{17}\right)^2 + \frac{8}{17} \geqslant \frac{8}{17}$$

所以 $u = x^2 + y^2$ 的最小值 $\dfrac{8}{17}$。

[剖析] 解法 1 是错误的，因为 xy 不是定值，根据配方法求最值的理由，xy 应为定值，因此，用 $x^2 + y^2 \geqslant 2xy$ 确定 $x^2 + y^2$ 的最值不对。

解法 2 正确。

12. 负数有对数吗？

数学上讲"负数没有对数"，小李不相信，偏要试一试。他设

$$\lg(-1) = x$$

两边同乘以 2，得

$$2\lg(-1) = 2x$$

他根据对数的性质，

$$2\lg(-1) = \lg(-1)^2 = \lg 1 = 0$$

这样一来，小李由 $2\lg(-1) = 2x$，算出 $0 = 2x$，所以 $x = 0$，即 $\lg(-1) = 0$。试问小李错在哪里呢？

[剖析] 小李的错误在于用了公式

$$2\lg a = \lg a^2$$

这个公式只有在 $a > 0$ 的时候才成立。如果 a 不是正数，公式左边失去了意义，公式就不能成立。所以小李试一试"负数有对数"的推理 $2\lg(-1) = \lg(-1)^2$ 从一开始便错了。

13. 循环论证换底公式

1980 年全国高考入学考试数学试题中，有一题是要求证明对数的换底公式

$$\log_b N = \frac{\log_a N}{\log_a b} \quad (a>0,\ b>0,\ a\neq 1,\ b\neq 1,\ N>0)$$

当时有不少考生的证法如下：

证明 因为

$$\log_b N = \frac{\lg N}{\lg b} \tag{5-16}$$

又因为

$$\log_a N = \frac{\lg N}{\lg a} \tag{5-17}$$

$$\log_a b = \frac{\lg b}{\lg a} \tag{5-18}$$

（5-17）式÷（5-18）式，得

$$\frac{\log_a N}{\log_a b} = \frac{\lg N}{\lg a} \Big/ \frac{\lg b}{\lg a} = \frac{\lg N}{\lg b} \tag{5-19}$$

由（5-16）式与（5-19）式的右端相同，所以

$$\log_b N = \frac{\log_a N}{\log_a b}$$

试问，这个证明错在何处？

[剖析] 这个证明错在（5-16）、（5-17）、（5-18）式都已经在应用待证的换底公式，即"直接以待证的论题作为论据来论证"。它违反了"论据的真实性不应依赖论题的真实性来论证"的逻辑规则而发生的逻辑错误。这种证明就叫做循环论证。

类似例子见后面5.2节中"三角形内角和定理'新证'"一部分内容。

14. 一题竟有"多种答案"

我们知道，初等数学的一题可以有多种解法，而答案是唯一的（但是现代的"开放性问题"答案可能是不唯一的，此不讲）。然而，下面这道初等数学传统问题有多种解法，却得到了形式上不相同的答案。试问此题是否有"多种答案"呢？

已知 $\log_{16} 8 = a$，$16^b = 5$，求 $\log_{40} 32$ 的值。

解法 1 因为 $16^b = 5$，所以 $b = \log_{16} 5$，则

$$\log_{40} 32 = \frac{\log_{16} 32}{\log_{16} 40} = \frac{\log_{16} 16 + \log_{16} 2}{\log_{16} 5 + \log_{16} 8} = \frac{1 + \log_{16} 2}{a+b} = \frac{1 + \log_{16} \frac{16}{8}}{a+b} = \frac{2-a}{a+b}$$

解法 2

$$\log_{40} 32 = \frac{\log_{16} 32}{\log_{16} 40} = \frac{\log_{16} 8 + \log_{16} 4}{\log_{16} 8 + \log_{16} 5} = \frac{a + \log_{16} \sqrt{16}}{a+b} = \frac{a + \frac{1}{2}}{a+b}$$

解法 3

$$\log_{40} 32 = \frac{\log_{16} 32}{\log_{16} 40} = \frac{\log_{16} 16 + \log_{16} 2}{\log_{16} 5 + \log_{16} 8} = \frac{1 + \log_{16} \sqrt[4]{16}}{a + b} = \frac{\frac{5}{4}}{a + b} = \frac{5}{4(a + b)}$$

[剖析]　以上三种解法的推理都是正确的，三个答案表面不同，但仔细分析已知条件 $\log_{16} 8 = a$，可以看出 $a = \log_{16} 8 = \frac{\log_2 2^3}{\log_2 2^4} = \frac{3}{4}$ 这个隐含条件，只要把 $a = \frac{3}{4}$ 代入各个解的答案，化简后都等于 $\frac{5}{3 + 4b}$，所以，三种解法的答案形式不同，而实质是唯一的。

15. 所有人的身高一样

一天，小徐对小马说："我可以证明所有人的身高一样！"

小马吃惊地说："这不可能。"

于是，小徐用数学归纳法作出如下证明。

根据数学归纳法的证明步骤：（1）当 $n = 1$ 时，命题显然成立。（2）假设 $n = k$ 时，命题成立，即对任何 k 个人，假设其身高一样，那么当 $n = k + 1$ 时，即有 $k + 1$ 个人时，先将这 $k + 1$ 个人编号，记为 A_1，A_2，…，A_k，A_{k+1}。由归纳假设可知，A_1，A_2，…，A_k 这 k 个人身高相等，记为 m，又 A_2，A_3，…，A_k，A_{k+1} 这 k 个人的身高也相等，记作 m_1，显然 $m = m_1$，即这 $k + 1$ 个人的身高都相等。

由（1）、（2）的证明可以作出这个论断，即对任何人命题都成立。

[剖析]　本题用数学归纳法证明，应从 $n = 2$ 开始（因 $n = 1$ 只指 1 个人），而 $n = 2$，即任何两个人的身高一样，这是不可能的。故错在证明中的第（1）步。

16. 1＝2 对吗？

由二项式定理，

$$(a + b)^n = a^n + C_n^1 a^{n-1} b + C_n^2 a^{n-2} b^2 + \cdots + C_n^{n-1} a b^{n-1} + b^n$$

当 $n = 0$ 时，有

$$(a + b)^0 = a^0 + b^0$$

即 $1 = 2$。

[剖析]　错在二项式定理中，$n \geq 1$，故 $n \neq 0$。

17. 下面解法对吗？

姐姐教育弟弟和妹妹说，从小要养成勤俭节约的习惯，并举例说：从前有这样一个人，今天打短工挣 1 元钱，明天不去打工花掉 1 元钱；第三天再挣 1 元钱，第四天又花掉 1 元钱……如此下去，就是

$$1-1+1-1+\cdots=(1-1)+(1-1)+\cdots=0+0=0,$$

因此这个人总是囊中空空，分文不存。

弟弟听后马上说：姐姐不对，这个人总有 1 元钱的积蓄，你看，

$$1-1+1-1+1-1+\cdots=1+(1-1)+(1-1)+\cdots=1+0+0+\cdots=1$$

妹妹不语，思考片刻后说，你们的说法都不对，这个人既不是分文不存，也不是存款 1 元，而是 $\frac{1}{2}$ 元。你们看，应用无穷递缩等比数列求和公式

$$1+r+r^2+\cdots=\frac{1}{1-r},$$

令 $r=-1$，得

$$1-1+1-1+\cdots=\frac{1}{1-(-1)}=\frac{1}{2}。$$

请问上面三人的解法对吗？

[剖析]　姐姐和弟弟的方法只适合于数的有限项的代数运算满足结合律，而这个数之和是无限项，因此不能用有限项的运算性质类比推广到无限项的运算中。再说妹妹用无穷递缩等比数列求和公式 $S=\frac{a_1}{1-q}=\frac{1}{1-r}$ 时，忽略了一个重要条件 $|r|<1$，而此 $|r|=|-1|=1$。

因此三人的解法都是错误的。这个无穷数列求不出任何结果，关于它的有趣故事，我们将在后面 7.13 节详细介绍。

18. 费马猜想的"证明"

费马猜想：若 $n>2$，$n\in\mathbf{N}$，则

$$x^n+y^n=z^n \tag{5-20}$$

没有正整数解。

证明　只要证明 n 是大于 2 的素数时，(5-20) 没有正整数解。有一个数学专业的大学生，问笔者他的证明对不对，他用反证法这样证明：

若 n 是大于 2 的素数，且 (5-20) 有正整数解，则

$$z^n=x^n+y^n<(x+y)^n$$

所以 $z<x+y$。

又因为 $z^n=x^n+y^n>c^n$（$c\in\mathbf{Z}$（整数）），所以 $z>x$，同理 $z>y$。

令 $z-x=a$，$z-y=b$（$a,b\in\mathbf{N}$），又因为 n 为 >2 的素数，故 n 为奇数，所以 $x+y$ 能整除 x^n+y^n（即 z^n），故可令 $x+y=\frac{z^n}{c}$，解联立方程：

$$\begin{cases} z-x=a & (5\text{-}21) \\ z-y=b & (5\text{-}22) \\ x+y=\dfrac{z^n}{c} & (5\text{-}23) \end{cases}$$

$(5\text{-}21)+(5\text{-}22)+(5\text{-}23)$ 得 $2z=a+b+\dfrac{z^n}{c}$ 即 $z\left(2-\dfrac{z^{n-1}}{c}\right)=a+b$，则由 z，a，$b\in\mathbf{N}$，有 $2-\dfrac{z^{n-1}}{c}\in\mathbf{N}$，而且 $0<2-\dfrac{z^{n-1}}{c}<2$，所以 $2-\dfrac{z^{n-1}}{c}=1$，即 $c=z^{n-1}$，把 c 代入（5-23），得 $x+y=z$，这与 $x+y>z$ 相矛盾，故（5-20）没有整数解。

[剖析] "费马猜想"是法国律师、数学业余爱好者费马（F. De Fermat，1601～1665）于 1637 年左右提出来的，一般叫"费马最后定理"。这个名称的来历可能是：费马一生提出过许多数论命题，后来经过数学界的不懈努力到 1840 年前后，除了一个被反驳以外，大多数都被证明，只剩下这个费马猜想没有被证明，因此称之为最后定理。我国一般书称为"费马大定理"（区别于他提出的小定理而言）。

这是一个无限问题，300 多年来困扰着世界许多数学家，成为"千古之谜"，对它的证明大都是以失败告终。直到 1994 年，才被英国数学家怀尔斯（A. Wiles，1953～）证明了，距离提出时有 350 多年。

我们认真检查其推理，大都是正确的，但就在证明的后面有 "$2-\dfrac{z^{n-1}}{c}\in\mathbf{N}$" 这一步错了，$2-\dfrac{z^{n-1}}{c}$ 不一定为正整数或整数。所以，上面的证明是错误的。

5.2 几何方面诡辩题

1. 所有的三角形都是等腰三角形

已知：$\triangle ABC$ 是任意三角形。

求证：$\triangle ABC$ 是等腰三角形。

证明 如图 5-1 所示，作角 A 的平分线交 BC 的中垂线于 E，作 $EF\perp AC$ 于 F，$EG\perp AB$ 于 G。连接 EC，EB。

因为 $EF=EG$，$EC=EB$，所以

$$\triangle AEF\cong\triangle AEC\Rightarrow AG=AF$$

进而

$$\triangle EFC\cong\triangle EGB\Rightarrow GB=FC\Rightarrow AB=AC$$

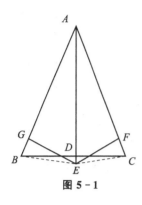

图 5-1

故△ABC 为等腰三角形。

[剖析] 这个几何诡辩的推理部分是正确的，但问题错在作图上。若 $AB>AC$，垂足 F 应在 AC 的延长线上，而原图 5-1 把 F 画在 AC 边上了。

图形不说谎，说谎者却用图形。诡辩者故意作图不规范、不准确使人上当。因此，我们学习几何，应该正确使用尺规作图工具，认真画图，更不能徒手画图，徒手画图是不可靠的。

2. 三角形内角和定理"新证"

已知：△ABC，

求证：$\angle A+\angle B+\angle C=180°$。

证明 如图 5-2 所示，在 BC 边上任取一点 D，设三角形三内角的和的度数为 x，则

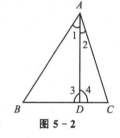

图 5-2

在△ABD 中，$\angle 1+\angle 3+\angle B=x$，

在△ACD 中，$\angle 2+\angle 4+\angle C=x$，

上面两式相加，得

$$\angle 1+\angle 2+\angle 3+\angle 4+\angle B+\angle C=2x,$$

但 $\angle 1+\angle 2+\angle B+\angle C=x$，$\angle 3+\angle 4=180°$，所以 $x+180°=2x$，所以 $x=180°$，即 $\angle A+\angle B+\angle C=180°$。

[剖析] "新证"错在证明的过程中，承认了所有三角形内角和都相等，这是未加证明的，即 $\angle 1+\angle 3+\angle B=x$，$\angle 2+\angle 4+\angle C=x$。

这里，间接、隐蔽地使用了待证命题的论题作为论据来证明，因此犯了循环论证的错误，类似错误见前面 13 题。

数学说明，几何学中演绎推理（证明）的方法，对其命题的证明，必须建立在公理的基础上，即几何命题必须建立在公理（不证自明的真理）和定义或已经证明正确的定理之上，否则，所有证明都是错误的。

数学结论，一旦演绎证明后，任何人是不可能摧毁或否定的，不像有的科学（如物理、化学、天文学），后人可以推翻前人的结论，这就是论证数学的威力。

3. 循环论证勾股定理

1979 年全国高等学校入学考试数学试题中，有一道证明勾股定理的考题。我们从试卷中，看到很多种循环论证，下面试举三种典型的错误证法，请读者

指出错在何处。

证法 1（用余弦定理） 如图 5 - 3 所示，设△ABC 中，∠C＝90°，∠A，∠B，∠C 所对的边分别为 a，b，c，根据余弦定理，得

$$c^2＝a^2+b^2-2ab\cos C$$

因为 $\cos C＝\cos 90°＝0$，所以 $c^2＝a^2+b^2$。

证法 2（用同角三角函数关系） 如图 5 - 3 所示，根据三角函数定义

因为

$$a＝c\sin A, \qquad b＝c\cos A$$

两边平方后相加，得

$$a^2+b^2＝c^2\sin^2 A+c^2\cos^2 A＝c^2(\sin^2 A+\cos^2 A)$$

根据同角三角函数的关系式公式，有

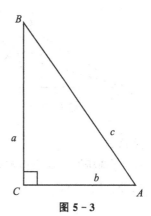

图 5 - 3

$$\sin^2 A+\cos^2 A＝1$$

故 $a^2+b^2＝c^2$。

证法 3（两点距离公式） 如图 5 - 4 建立直角坐标系，则点 A 的坐标为 (b，0)，点 B 的坐标为 (0，a)，根据两点距离公式可得

$$c＝AB＝\sqrt{(b-0)^2+(0-a)^2}＝\sqrt{a^2+b^2}$$

所以 $c^2＝a^2+b^2$。

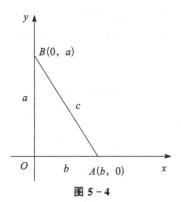

图 5 - 4

[剖析] 这三种证明中，所引用定理和公式各不相同，但有一点都是共同的：无论是余弦定理、还是公式 $\sin^2 A+\cos^2 A＝1$，或者两点距离公式，它们本身的证明必须要用到勾股定理。因此，再用它们来证明勾股定理就犯了循环论证的错误。

从逻辑学讲，以循环论证的逻辑概念为判定循环论证的理论依据，即在论证所引用的论据（如余弦定理等）的真实性，反过来又依赖论题（如勾股定理）的真实性来论证，那实际上是什么也没有论证。所以，违反了"论据的真实性不应依赖论题的真实性来论证"的逻辑规则发生逻辑错误。

4. 直角边等于斜边？

证明 已知 Rt△ABC，如图 5 - 5 所示，DE 是 AC 边的垂直平分线，BM 是∠B 的平分线，这两条线的交点是 M。从点 M 作垂线 MK⊥BC，ML⊥AB。所以 Rt△BKM≌Rt△BML，所以

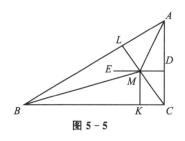

图 5-5

$$BK = BL \qquad (5-24)$$

又因为 Rt△CKM≌Rt△ALM，所以

$$CK = AL \qquad (5-25)$$

（5-24）＋（5-25），得

$$BK + CK = BL + LA$$

所以 $BC = AB$。

这就证明了直角三角形的直角边等于它的斜边。

[剖析]　这个诡辩题，错在作图。认真用尺规工具作图，交点 M 必在△ABC 之外。最后（5-24）＋（5-25）或（5-24）－（5-25）都有 $BC \neq AB$。

5. 几何中部分等于整体

已知 $ABCD$ 为一正方形，如图 5-6 所示，作线段 $AE = AB$，并使 $\angle EAB$ 为一锐角。连接 CE，分别通过 CE 和 CB 的中点 K 和 H 作 CE 和 CB 的垂线交于 O。连接 OC 和 OE，构成两个△ODC 和△OAE，因为△OCE 和△OAD 为等腰三角形，所以 $OC = OE$，$OD = OA$。

又因为 $AE = AB$，所以 $DC = AE$，所以△ODC≌ △OAE，所以 $\angle ODC = \angle OAE$。

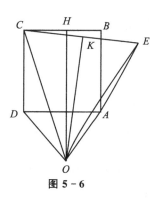

图 5-6

又因为 $\angle ODA = \angle OAD$，所以 $\angle ADC = \angle DAE$。

又因为 $\angle ADC = \angle DAB = 90°$，所以

$$\angle DAB = \angle DAE = \angle DAB + \angle BAE$$

故有"部分等于整体"。

[剖析]　这道诡辩题认真作图就可以发现，连接 OE 后，A，B 两点将在 OE 的同一侧，而不是如图 5-6 在 OE 的两侧；因此，$\angle OAE$ 虽然和 $\angle ODC$ 相等，却不是 $\angle OAD + \angle DAB + \angle BAE$ 构成的。

据说，这个命题是古希腊唯心主义哲学家、著名的雄辩家苏格拉底（约公元前 469～前 399）提出的辩论命题，不过最终它还是被我们数学王国里精明的臣民用论证数学的演绎法予以驳回了。

显然，论证数学除了演绎推理的严谨性外，作图也是论证的重要前提之一。

欧几里得《几何原本》中，有一条颠扑不破的真理"部分小于整体"永远成立的。但在两千多年后的 1874 年，德国数学家康托尔（G. Cantor，1845～1918）创立集合论以后，揭开了无限的奥秘，在无穷集合世界里"部分可以等于整体"了，但请注意在中学数学范围内，即在有限集合世界里"部分不等于

整体"是正确的。

6. 一圆二心

这个诡辩题有两种本质相同的叙述：

（1）任作一角 P，A、B 是 $\angle P$ 两边上任意两点，过 A，B 分别作 PA，PB 的垂线并交于点 C。过 A，B，C 三点作圆交 $\angle P$ 两边 D、E，如图 5-7 所示，则由于 $\angle DAC = \angle EBC = 90°$。所以 CD，CE 均为圆的直径，故 CD，CE 的中点 O_1，O_2 皆为圆心，即一个圆有两个圆心。

（2）如图 5-8 所示，PA，PB 是 $\odot C$ 的两条切线，过 A、C、B 三点作圆，设与 PA，PB 分别交于 D、E，连接 CD，CE，则 $CA \perp AD$，$CB \perp EB$，取 CD，CE 之中点 O_1、O_2，则 O_1、O_2 均为所作圆的圆心。这岂不是说一个圆有两个圆心吗？

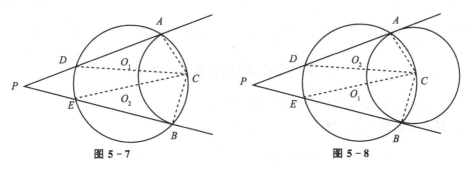

图 5-7   图 5-8

[剖析]　两种叙述本质一样，推理不错，但错误出在作图上，因为在四边形 $PACB$ 中，$\angle PAC = \angle PBC = 90°$，故 A、P、B、C 四点共圆，即 D，E 应重合于点 P，O_1 与 O_2 合为 CP 的中点。

7. 1＝0

证明　因为 $\sin\dfrac{\pi}{2} = 1$，$\cos\dfrac{\pi}{2} = 0$，所以 $\sin\dfrac{\pi}{2} + \cos\dfrac{\pi}{2} = 1$，两边同乘以 $\cot\dfrac{\pi}{2}$，得

$$\sin\dfrac{\pi}{2}\cot\dfrac{\pi}{2} + \cos\dfrac{\pi}{2} \cdot \cot\dfrac{\pi}{2} = \cot\dfrac{\pi}{2}$$

$$\sin\dfrac{\pi}{2} \cdot \dfrac{\cos\dfrac{\pi}{2}}{\sin\dfrac{\pi}{2}} + \cos\dfrac{\pi}{2} \cdot \dfrac{\cos\dfrac{\pi}{2}}{\sin\dfrac{\pi}{2}} = \dfrac{\cos\dfrac{\pi}{2}}{\sin\dfrac{\pi}{2}}$$

两边同乘以 $\sin\dfrac{\pi}{2}$，得

$$\sin \frac{\pi}{2} \cdot \cos \frac{\pi}{2} + \cos^2 \frac{\pi}{2} = \cos \frac{\pi}{2}$$

即 $\sin \frac{\pi}{2} \cos \frac{\pi}{2} = -\cos \frac{\pi}{2}$。两边同除以 $\cos \frac{\pi}{2}$；得

$$\sin \frac{\pi}{2} = -\cos \frac{\pi}{2}$$

所以 $1 = 0$。

[剖析]　上面推理过程中有两步错误，首先是开头"两边同乘以 $\cot \frac{\pi}{2}$"，因为 $\cot \frac{\pi}{2} = 0$，它与方程的基本性质"方程两边都乘以（或除以）一个不等于零的同一个数，所得方程和原方程同解"相矛盾。

第二个错误是最后，由 $\cos \frac{\pi}{2} \sin \frac{\pi}{2} = -\cos \frac{\pi}{2}$ "两边同除以 $\cos \frac{\pi}{2}$"，不能推出 $\sin \frac{\pi}{2} = -\cos \frac{\pi}{2}$。因为 $\cos \frac{\pi}{2} = 0$，不能用零作除数。违背上述方程性质。

8. 怎么没有等角的等腰三角形

已知 $a = \sqrt{3}$，$b = 1$，$\angle C = 30°$，解 $\triangle ABC$。

解　由余弦定理，得

$$c = \sqrt{a^2 + b^2 - 2ab\cos C} = \sqrt{3 + 1 - 2\sqrt{3}\cos 30°} = 1 = b$$

即 $b = c = 1$。故 $\triangle ABC$ 为等腰三角形。

又由正弦定理，得

$$\frac{a}{\sin \angle A} = \frac{c}{\sin \angle C}$$

所以

$$\sin \angle A = \frac{a \sin \angle C}{c} = \frac{\sqrt{3}\sin 30°}{1} = \frac{\sqrt{3}}{2}$$

所以 $\angle A = 60°$，$\angle B = 180° - (\angle A + \angle C) = 90°$，即得，等腰 $\triangle ABC$ 的三内角分别为 $30°$，$60°$，$90°$，其中没有两个相等的角。

[剖析]　这道诡辩题错在由 $\sin \angle A = \frac{\sqrt{3}}{2} \Rightarrow \angle A = 60°$，其实，或者 $\angle A = 120°$。取 $60°$ 或 $120°$ 中哪一个？

由余弦定理，有

$$\cos \angle A = \frac{b^2 + c^2 - a^2}{2bc} = -\frac{1}{2} < 0$$

所以取 $\angle A = 120°$，从而得 $\angle B = 30°$，所以这个等腰 $\triangle ABC$ 有两个等角 $\angle B =$

$\angle C = 30°$。

9. 相似三角形的相似比等于什么？

如图 5-9 所示，P 是 $\odot O$ 外一点，PA 与 $\odot O$ 相切于 A，PC 割圆于 B、C，BE、CF 分别为 △PAB 与 △PAC 的高。因为 $\angle PAB = \angle PCA$，$\angle P = \angle P$，所以 △$PAB \backsim$ △PCA，于是有

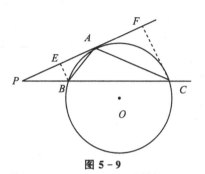

图 5-9

$$\frac{S_{\triangle PAB}}{S_{\triangle PAC}} = \frac{\frac{1}{2}PA \cdot BE}{\frac{1}{2}PA \cdot CF} = \frac{BE}{CF}$$

这就是说，相似三角形的面积比等于两条高线之比，这与定理"相似三角形面积比等于相似比的平方"相矛盾吗？

[剖析] 这道诡辩题错在 △PAB 与 △PAC 中，BE、CF 不是对应边上的高。

10. 2＞3 吗？

有人居然证明 2＞3!

证明 如图 5-10 所示，N-PQ-M 是 $120°$ 的二面角，A 为其外一点。$AB \perp$ 平面 M，$AC \perp$ 平面 N，垂足分别为 B、C，$AB=3$，$AC=1$，过 AB、AC 作平面交 PQ 于点 D，分别交平面 M、N 于 BD、CD，则 AB 与 CD 必交于一点，记为 E。

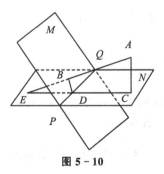

图 5-10

由 $AB \perp$ 平面 M，$AC \perp$ 平面 N，有

$$AB \perp PQ, \quad AC \perp PQ$$

即 PQ 垂直于过 AB、AC 的平面，所以 $PQ \perp BD$，$PQ \perp CD$，从而 $\angle BDC = 120°$。

又 $AC \perp CD$，$AB \perp BD$，则在四边形 $ABDC$ 内，有

$$\angle CAB = 360° - 90° - 90° - 120° = 60°$$

在 Rt△ACE 中，有 $AE = 2AC = 2$。

因为 $AC = 1$，$AB = 3$，而 $AE > AB$ 所以 2＞3。

[剖析] 上面推理没有毛病，关键是作图发生的错误。认真作图，垂足应在平面 N 的下方，如图 5-11 所示。

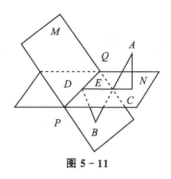

图 5 - 11

11. 2＝0?

设直线 l_1：$y=x+1$，直线 l_2 与 l_1 相交，且夹角为 $45°$，则由两直线的夹角公式，得

$$\tan\alpha=\frac{k_2-k_1}{1+k_1k_2}$$

因为 $\alpha=45°$，所以 $\tan\alpha=1$。

又 $k_1=1$，由此得

$$1=\frac{k_2-1}{1+k_2} \Rightarrow 1+k_2=k_2-1 \Rightarrow 2=0$$

[剖析]　这道诡辩题之错误为：直线 l_2 或是 y 轴，或与 y 轴平行。总之，k_2 不存在，故上述推理是错的。

思考题16　(1) 有人证明"对顶角相等"的方法如下。指出其错误。

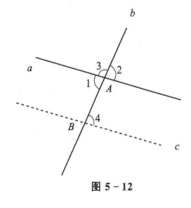

如图 5 - 12 所示，直线 a 与 b 交于点 A，要证 $\angle 1=\angle 2$。

证明　过直线 b 上除 A 点外的任一点 B，引 $c /\!/ a$。

因为 $\angle 1=\angle 4$（内错角相等），$\angle 2=\angle 4$（同位角相等），所以 $\angle 1=\angle 2$（等量代换）。

(2) 甲、乙两个人在做下面一题时，得出两种不同答案，请问谁对，为什么？

设 $0<b<\frac{1}{2}$，$a>1$，试比较 $\log_b a$ 与 $\log_{2b} a$ 的大小。

图 5 - 12

甲解法（用求差法）

$$\log_b a-\log_{2b} a=\frac{\lg a}{\lg b}-\frac{\lg a}{\lg 2b}=\frac{\lg a \cdot \lg 2}{\lg b \cdot \lg 2b}$$

因为 $0<b<\dfrac{1}{2}$，所以 $\lg b<0$，$\lg 2b<0$。

又 $\lg 2>0$，所以 $\log_b a-\log_{2b}a>0$，所以 $\log_b^a>\log_{2b}a$。

乙解法（求商法）　根据换底公式

$$\frac{\log_b a}{\log_{2b} a}=\frac{\lg a}{\lg b}\cdot\frac{\lg 2b}{\lg a}=\log_b 2b$$

因为 $0<b<\dfrac{1}{2}$，所以 $b<2b$，所以 $\log_b 2b<\log_a b=1$，即 $\dfrac{\log_b a}{\log_{2b}a}<1$，所以 $\log_b a<\log_{2b}a$。

6 神秘而有趣的数

五千年人类文明给我们留下了浩瀚无边的知识大海。在汪洋大海中最古老最深沉的是数。

在渺茫的数海中，蕴藏着许多迷人的魅力，只要人类存在一天，都要揭示自然数的某些规律，还会发现新的数的性质，这是一个永久性的研究课题。

许多艺术能够美化人们的心灵，但却没有哪一种艺术能比数更有成效地去美化和修饰人们的心灵。所以，数是心灵的美容师，是永恒和万古长青的。

数在使人们摆脱蒙昧状态的同时，也使人们获得对神秘莫测的世界的理性认识。几乎每一个数字的产生都留下了许多生动有趣的记载。

先来讲一个小故事。

在动物园里，小骆驼问妈妈："妈妈妈妈，为什么我们的睫毛那么长？"

骆驼妈妈说："长长的睫毛让我们在沙尘风暴中看得到方向。"

小骆驼又问："妈妈妈妈，为什么我们的背那么驼，丑死了！"

骆驼妈妈说："这个叫驼峰，是我们储存大量的水和养分的，可供我们在沙漠里耐受 10 多天的无水无食的生存条件。"

小骆驼又问："妈妈妈妈，为什么我们的脚掌那么厚？"

骆驼妈妈说："可以让我们重重的身子不至于陷在软软深深的沙子里，便于长途跋涉啊！"

小骆驼高兴坏了："哗，原来我们这么有用啊！"

关于数的应用，有的已得到应用（如 0、1 组成二进制，用于计算机；又如当代的数字电视、数字电话、数字地球……），有的还尚未得到应用，但相信都是有用的，因为就像"天生我材必有用"的道理一样，人类发现的数都有用，只不过有的尚未发现罢了。

在本章，我们将集中简介一些神秘而有趣的数。

6.1 有趣的自然数

在自然数中，有很多颇有趣味的数，摘要简介如下。

1. 完全数

一个正整数的所有因数（含1，除它本身外）的和等于它本身，就称这个数为完全数。或者说，一个正整数 n，如果其全部因数（含1和本身 n）的和等于 $2n$，则称 n 为完全数。例如，6 的因数（含1，除 6 本身外）的和 $1+2+3=6$，则 6 是一个完全数。或者说，6 的因数（含1和本身6）的和 $1+2+3+6=12$，则 6 是一个完全数。

毕达哥拉斯学派把自然数分为三类：完全数、不足数和过剩数（又叫富裕数），后面两类数的意思依次是，一个自然数的各个因数（含1，除它本身外）之和小于、大于这个自然数。

从公元前 5 世纪，截至 2009 年 4 月。数学家经过艰辛努力，甚至富有传奇故事，人们一共只发现 47 个完全数。第 47 个完全数是 $2^{42643800}(2^{42643801}-1)$，它有 12837064 位，真是一个庞然大数。

2. 亲和数

一个正整数 n 的所有因数（含1，除它本身）之和为 m，而 m 的所有因数（含1，除它本身）之和为 n，当 $n=m$ 时，则称 n 和 m 为一对亲和数。

如 220 的因数之和为 $1+2+4+5+10+11+20+22+44+55+110=284$；

而 248 的因数之和为 $1+2+4+71+142=220$，

所以，220 和 284 称为一对亲和数。

第二对亲和数是 1184 和 1210。

亲和数最早是毕达哥拉斯学派于公元前 5 世纪提出的（最早见诸文字记载，出现在约 320 年雅姆布利修斯（Lamblichus）一书的注释中）。

至今，人们只发现 1000 多对亲和数。

目前据我们所知道的一对最大的亲和数是 H. J. 莱尔在 1974 年提出的两个 152 位数：

$$m=3^4 \cdot 5 \cdot 11 \cdot 52^{19} \cdot 29 \cdot 89(2 \cdot 1292 \cdot 5281^{19}-1)$$
$$n=3^4 \cdot 5 \cdot 11 \cdot 5281^{19}(2^3 \cdot 3^3 \cdot 5^2 \cdot 1291 \cdot 5218^{19}-1)$$

3. 梅森素数

形如 2^n-1（n 为素数）的正整数是素数称为"梅森素数"，又叫"梅森素数猜想"。

梅森素数是法国修道士梅森（M. Mersenne，1588～1648）提出来的。用它的名字头一个字母表示，即 $M_n=2^n-1$。

人们发现，梅森素数与偶完全数一一对应，即找到一个梅森素数，相当于找到一个偶完全数，反之成立。因此，截至 2009 年 4 月，数学家只找到 47 个梅森素数（即与完全数个数相同）$M_{42643801}$ 它有 12837064 位。

4. 巧（好）数

一个自然数如果正好等于它的各位数字的和加上各位数字的积。即用式子表示为对于自然数 N，如果能找到自然数 a 和 b，使得 $N=(a+b)+ab$，那么就称这个数 N 为"巧数"（或称 N 为一个"好数"）。

如 $3=(1+1)+1\times1$，则 3 是一个巧（好）数；$11=(2+3)+2\times3$、$19=(1+9)+1\times9$，则 11，19 分别是巧（好）数。

1991 年北京市初中数学竞赛有一题问：在 $1\sim100$ 这 100 个自然数中，好（巧）数有＿＿个。（答：74 个。）

5. 魔术数

将自然数 N 接写在任何一个自然数的右边（如将 2 接写在 35 的右边，得 352），如果得到的新数，都能被 N 整除，那么 N 称为魔术数。

例如，1，2，5，10，25，100，125，…都是魔术数。

1986 年全国初中数学竞赛，有一题问：在小于 130 的自然数中，魔术数有＿＿个。（答：9 个。）

怎样寻找魔术数呢？其实它是有规律的。根据上述定义：

一位魔术数容易求，把 $1\sim9$ 中 9 个数接写在某个自然数后面试除，不难得到一位魔术数只有 1，2，5 符合定义要求（规律：都是 10 即 10^1 的约数中的所有一位数）。

两位魔术数是把从 10 开始到 99 止的 90 个数接写在某个自然数后面试除，不难得到只有 10，20，25，50 符合定义要求（规律：两位魔术数正好是 100，即 10^2 的约数中的所有两位数）。

显然，三位魔术数应是 1000 即 10^3 的约数中的所有三位数。

可以证明（略），一般地，n 位魔术数应是 10^n 的约数中所有的 n 位数。

上面一题答案有 9 个，即 1，2，5，10，20，25，50，100，125。

6. 漂亮数

对一个自然数，若它的每一个素因数至少是二重（即每个素因数乘方次数都不小于 2），则称该自然数为漂亮数。如 $4=2^2$，$72=2^3\times3^2$ 都是漂亮数。相邻两个自然数皆为漂亮数就称它们是一对"孪生漂亮数"。例如，$8=2^3$，$9=3^2$，则 8 和 9 是一对"孪生漂亮数"。

一般来说，因为任何大于 1 的自然数的平方都是漂亮数，以及 $n^2=(n+1)\cdot(n-1)+1$，所以，当 $(n+1)(n-1)$ 是漂亮数时，就得到一对孪生漂亮数。因此，可以在差为 2 的两个自然数乘积中寻找，如 $25\times27=675$，是漂亮数，得两个孪生漂亮数 675 和 676。

1989 年北京市初中数学竞赛有一道题：请你再找出一对孪生漂亮数。（答：$16\times18=288$，288 和 289。）

7. 回文数

一个正整数 N，顺读倒读都是同一个数 N，则称 N 为一个回文数。如 11，121，313，1991 等都是回文数。

第 42 届美国高中数学考试有一题，1991 年是 20 世纪中唯一具备以下两个性质的年份：

（a）它是一个回文数；

（b）它可以分解为一个二位的素数回文数和一个三位素数回文数之积。

那么从 1000 年到 2000 年这 1000 年中共有多少年数具有性质（a）和（b）？（包括 1991 年）。

（A）1；（B）2；（C）3；（D）4；（E）5。

答：（D）。1111，1441，1661，1991。

为什么？因为除满足（a）外，都满足（b），$1111=11\times101$，$1441=11\times131$，$1661=11\times161$，$1991=11\times181$。

8. 智慧数

一个自然数若能表示为两个自然数的平方差，则称这个自然数为智慧数。例如，$16=5^2-3^2$，故 16 是一个智慧数。

1990 年北京市数学竞赛高中一年级有一试题：在自然数中，从 1 开始起，试问第 1990 个智慧数是哪个数？并请你说明理由。

由于 $2k+1=(k+1)^2-k^2$，$4k=(k+1)^2-(k-1)^2$，所以除 1 以外的正奇数和大于 4 的被 4 整除的数都是智慧数。易知被 4 除余 2 的自然数均不是智慧数，此时不难得出，第 1990 个智慧数是 2656。

9. 自返（相伴）数

一个普通的数，8208 是一个神奇的数（当然，由于它的谐音是"发而多发"或"发而又发"又是一个吉利数，尽管它不一定会让你发财），说它神奇是因为将它各位数字的 4 次方相加，$8^4+2^4+0^4+8^4=4096+16+0+4096=8028$，恰好等于它本身。于是，人们将这类神奇的数取名自返数。并定义为：一个自然数各位上的数字 m（$m>1$ 的自然数）次方之和恰好等于这个自然数它本身的自然数叫做 m 阶自返数。规定：1 不是自返数，8208 是一个 4 阶自返数。

数学家已经证明，不存在 2 阶自返数。但 3 阶自返数是存在的，如 153，370 是 3 阶自返数。

读者找一找，3 阶自返数能不能再找到几个？

此外，还有另外一种自然数叫"相伴数"。

例如，2178 与 6514 这两个数，看看它们各位数字的 4 次方之和有什么结果。

$$2178 \Rightarrow 2^4+1^4+7^4+8^4=16+1+2401+4096=6514$$
$$6514 \Rightarrow 6^4+5^4+1^4+4^4=1296+625+1+256=2178$$

奇迹出现了，你看：2178 各位数字的 4 次方之和恰好等于 6514，而 6514 各位数字的 4 次方之和又恰好等于 2178。真是"你中有我，我中有你"。2178 与 6514 便成为一对 4 阶相伴数了。

仿上方法可以定义 m（$m>1$ 的自然数）阶相伴数（读者可尝试自己叙述）。

数学家已经证明，不存在 2 阶相伴数。

读者找一找，看能否找到几对 3 阶相伴数？

让我来揭晓答案吧！3 阶自返数还有：371，407；3 阶相伴数有：919 与 1459，136 与 244。

10. 史密斯数

家住在美国中西部的一个小城市的史密斯（H. Smith）是一个数学门外汉。他家有一部电话，其号码是七位数 4937775，史密斯是一个"无事好作非非想"的人。一天，他把电话号码 4937775 分解为素数因数的连乘积：

$$4937775=3 \times 5 \times 5 \times 65837$$

然后把上面所有素数因数（不含 1）3，5，5，65837 的各位数字相加，即

$$3+5+5+6+5+8+3+7=42$$

（当然，也可将 42 再施以各位数相加，$4+2=6$）。他又把 4937775 各位数相加：$4+9+3+7+7+7+5=42$（同上 $4+2=6$）。

他眼前一亮，发现两者之和巧合地相等。

这是巧合吗？史密斯将这一发现告诉他的数学家亲戚威伦斯基（A. Wilansky），数学家把这个问题进行加工，并规定这种数本身必须是个合数。后来又经过美国著名的数学科普大师加德纳（M. Gardner，1914～2010）的推荐与介绍，并以发现者的名字这种数命名为"史密斯数"，同时他给出定义：一

个自然数合数的各位数字和恰好等于它的因数（不含 1）的各位数字和的整数称为史密斯数。在他主持的《科学美国人》及其他杂志上刊载。史密斯数就这样不胫而走，成为人们很熟悉的一种神奇数。

经过数学家研究，最小的史密斯数是 4，通过计算机研究，人们已知在 1 到 100 万的自然数合数范围内，史密斯数共有 29928 个，所占比例约为 3‰（在其他 100 万个正整数的范围内，所占比例大体上一致），有人利用已知的大素数，求出一个 250 多万的史密斯数。美国密苏里大学的威因·麦克丹及尔证明，存在着无限多个史密斯数。

一石激起千层浪，后来的数学家发现了史密斯数有不少有趣性质。如平（立）方数可以是史密斯数。如 4，121，576 等，27，729 等。回文数也可以是史密斯数，如 202，535，636，1881 等。

更有趣味的是，存在着"孪生史密斯数"，如 634 与 636；913 与 915；1282 与 1284 等。

执著追求的数学家们，对于新发现的数学问题总爱穷追不舍，插上联想的翅膀进行拓广。于是，有人继续研究后发现，如果把 1 也算成素因数，那么这样史密斯数称为广义的。如 6 的所有素因数有 1，2，3，而 6＝1＋2＋3，则 6 是一个广义史密斯数；又如 33 有因数 1，3，11，由于 3＋3＝1＋3＋1＋1，则它也是一个广义史密斯数。

通过计算研究，有人在 1～8000 间发现有 43 个广义史密斯数，如 6，33，87，249，…，1059，…，2463，…，7971。

史密斯数还有许多性质待人发现，它的用途也许会在不久的将来被发现。

11. 勾股弦数

我们知道，满足勾股定理

$$a^2 + b^2 = c^2$$

（这里 a，b，c 为直角三角形三边）的三个整数有很多组，则 a，b，c 叫勾股弦数或三元勾股数组。怎样发现勾股弦数的一般表达公式呢？

从巴比伦人、毕达哥拉斯、柏拉图、丢番图、欧几里得、印度婆罗摩笈多和我国的刘徽以及清代罗士琳等数学家，都曾给出勾股弦数公式，其中有的公式是错误的，也有的是正确的。如毕达哥拉斯学派的勾股弦数公式是

当 n 为奇数时，$\dfrac{n^2-1}{2}$，n，$\dfrac{n^2+1}{2}$。

其实，这个公式是不全面的，如当 $n=15$ 时，112，15，113 就不满足勾股弦数公式中的三组数，它只限于斜边与一直角边相差 1 的那种直角三角形。

我国数学家也找到勾股弦数的一般公式：

当 $m>1$ 奇数时，$3m^2-2m$，$4m^2-6m+2$，$5m^2-6m+2$，

当 $m\geqslant2$ 偶数时，$6m^2-2m$，$8m^2-6m+1$，$10m^2-6m+1$。

虽繁但可。在《九章算术》（公元前 1 世纪）中有 8 组勾股弦数，相当于公式

$$\alpha\beta, \quad \frac{\alpha^2-\beta^2}{2}, \quad \frac{\alpha^2+\beta^2}{2}$$

公元 3 世纪丢番图虽然知道一般公式，但没有明显地表达出来。

公元 6 世纪，印度数学家婆罗摩笈多（Brahmagupta，公元 598～665 以后）正确而全面地给出简明的勾股弦数组一般公式：

$$a=2mn, \qquad b=m^2-n^2, \qquad c=m^2+n^2$$

这里 m，n（$m>n$）是互为素数且一奇一偶的任意正整数。

勾股弦数组说明，勾股定理是不变的，但勾股弦数则是多变的，静中有动，动中有静，使人感到它不枯燥无味，却十分有趣。

12. 费马数

法国律师、业余数学家费马（30 岁起迷恋数学）于 1637 年发现"费马大定理"（即"费马猜想"）之后，1640 年又发现另一个问题，他写信告诉数学家朋友说，他在研究形如

$$F_n=2^{2^n}+1$$

的数时（n 是自然数），认为找到了素数公式，他验证了 $n=0，1，2，3，4$ 几个值，得到

$$F_0=2^{2^0}+1=3, \quad F_1=2^{2^1}+1=5, \quad F_2=2^{2^2}+1=17$$
$$F_3=2^{2^3}+1=2^8+1=257, \qquad F_4=2^{2^4}+1=2^{16}+1=65537$$

这几个数都是素数，于是他断言，n 取更大的自然数时，$F_n=2^{2^n}+1$ 也是素数，这就是"费马素数猜想"。

后来欧拉举出一个反例，当 $n=5$ 时，

$$F_5=2^{2^5}+1=4\,294\,976\,297$$

是一个合数，而不是素数，推翻了"费马素数猜想"。

我们把 F_n 是素数或合数的数，称为"费马数"。无数数学家在寻找费马数中，呕心沥血，至今只发现上述 5 个费马素数，至于费马合数有多少？2000 年《数学史辞典》一书，只列出 84 个合数，当然，目前已超过这个统计数目了。真可谓是，千辛万苦去探寻，得到的却寥寥无几。

科学研究就是这样，铁面无私，冷酷无情。

13. 自守数

在自然数中，还有这样一种神秘的数，如 $5^2=25$，5 的平方的末尾数就是

5，$6^2=36$，6 的平方的末尾数就是 6。同理，$25^2=625$，故 25 的平方的末尾数就是 25；$76^2=5776$，故 76 的平方的末尾数就是 76。一般地，有

任何一个自然数 N（除 0 和 1 外）的平方的末尾数仍然是这个数 N，则 N 叫做自守数。显然

一位数的自守数有 5，6，而 $5+6=10+1$，

两位数的自守数有 25，76，而 $25+76=100+1=10^2+1$，

三位数的自守数有 625，376，而 $625+376=10^3+1$，

四位数的自然数有 9376，0625，而 $9376+0625=10^4+1$。

（注：$0625^2=390625$，所以 0625 是个自守数。这里将 0625 叫做退化四位数，首位 0 表示位数，不能去掉）

……

一般地，两个同为 n 位数的自守数必是 10^n+1。

所以，知道一个 n 位自守数，便可根据 10^n+1 求出另一个同位自守数。如 $9376^2=87909376$，故 9376 是个四位数的自守数，根据 10^n+1，便可求出同位数的自守数 0625（可叫退化自守数）。

试问，自守数的位数有多少位？加拿大有两位学者利用计算机把自守数算到 500 位。美国科普大师 M. 加德纳已将自守数列出 100 位储存在电脑中，以便查用。

当然，自守数的位数不是无穷的。自守数有许多神奇性质，数学家们已研究得到一些，但还有更多的在等待我们去发现。

14. 金兰数

国外一位数论学者，读过法国作家大仲马的名著《三个火枪手》（有书译为《三剑客》），于是，他发现有三个亲密无间的数，可谓"三人小集团"之数，他便引入"金兰数"这一名称来表达，其意思是：

设有 A，B，C 三个自然数，其中任一数的所有约数（除本身外）之和等于其他两数之和，则叫金兰数。数学家发现最小的金兰数是

$$\begin{cases} A：123228768=2^5 \cdot 3 \cdot 13 \cdot 293 \cdot 337 \\ B：103340640=2^5 \cdot 3 \cdot 5 \cdot 13 \cdot 16561 \\ C：124015008=2^5 \cdot 3 \cdot 1 \cdot 13 \cdot 99371 \end{cases}$$

其中 A 有 96 个约数；B 也有 96 个；C 较少，但也有 48 个约数。显然，在这庞大数目面前，不要说发现它们，就是验证一下，也是十分繁杂吃力的。当然，靠手工笔算是难以发现的，一般的计算机也难，最好用最先进计算机。

据记载，迄今为止，数学家只发现过两组"金兰数"，另一组是：

$$\begin{cases} A：2^{14} \cdot 3 \cdot 5 \cdot 19 \cdot 31 \cdot 89 \cdot 151 \\ B：2^{14} \cdot 5 \cdot 11 \cdot 19 \cdot 29 \cdot 31 \cdot 151 \\ C：2^{14} \cdot 5 \cdot 19 \cdot 31 \cdot 151 \cdot 359 \end{cases}$$

15. 形数

毕达哥拉斯学派关于"形数"或"点子数"的研究，强烈地反映了他们将数作为几何思维元素的精神。

形数就是用多边形上的圆点数目，表达数与形的奇妙联系。"形数"是毕氏学派"万物皆数"（即数是万物的本源）这一学说的理论基础。他们用"形数"去说明一切几何图形都是由数产生的，即"从数产生出点，从点产生出线段，从线产生出平面图形，从平面图形产生出立体图形……"

"一切形体都是由数派生出来的"这一哲理，虽然他们的观点存在不当之处，但是，从数学角度而言，毕氏学派却奉献出数与形相联系的一颗璀璨的数字明珠——形数。

他们研究了以下几种形数：

（1）三角形数。设三角形数为 n_3，即

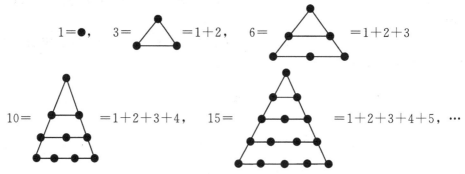

显然，第 n 个三角形数表示：

$$n_3 = 1+2+3+\cdots+n = \frac{1}{2}n(n+1)$$

三角形数有许多性质，如 1，3，6，10，15，…相邻两组合并起来，就组成 1，4，9，16，…毕氏学派称为"平方数"。又如前 1，2，3，4，…项奇数之和 $1+3+5+\cdots+(2n-1)=n$。

（2）正方形数，又称为四角形数。设正方形数为 n_4，即

1=●，   4= =2²，   9= =3²

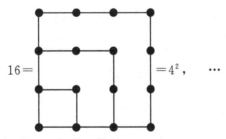

$$16 = = 4^2, \quad \cdots$$

显然，第 n 个正方形（四角形）数是 $n_4 = n^2$。

今人研究发现 n_3 与 n_4 的关系（性质），由于

$$n_4 = n^2 = \frac{1}{2}n(n+1) + \frac{1}{2}(n-1)n$$

则第 n 个正方形数是第 n 个三角形数与第 $n-1$ 个三角形数之和，如图 6-1 所示。

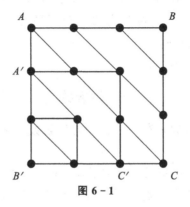

图 6-1

显然，$\triangle ABC$ 对应的是 n_3，$\triangle A'B'C'$ 对应的是 $(n-1)_3$，正方形 $ABCB'$ 对应的是 n_4。

（3）五边形数（五角形数）。设五边形数为 n_5，即

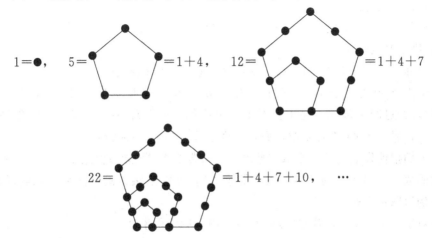

$$1 = \bullet, \quad 5 = = 1+4, \quad 12 = = 1+4+7$$

$$22 = = 1+4+7+10, \quad \cdots$$

$$n_5 = 1 + 4 + 7 + 10 + \cdots + (3n-2)$$

$$= \frac{n}{2}[1 + (3n-2)] \text{（等差数列前 } n \text{ 项和）}$$

$$= n + \frac{[3n(n-1)]}{2}$$

$$= n + \frac{3n(n-1)}{2}$$

$$= n + 3(n-1)_3$$

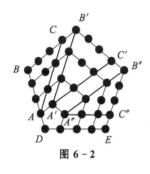

图 6-2

即第 n 个五边形数是 n 与 3 个第 $n-1$ 个三角形数之和，如图 6-2 所示。

从图 6-2 上看到一个五边形数（n_5）分解成 $\triangle ABC$，$\triangle A'B'C'$，$\triangle A''B''C''$ 与线段 DE 上的点数，这 3 个三角对应的三角形数是 $(n-1)_3$，DE 上的点数是 n。

相似地可以讨论 n_6，n_7，n_8，$\cdots$。

16. 伪素数

在浩瀚无垠的数的天庭，有一种神奇的伪素数，它像一块磁石，紧紧吸引着数论专家的心灵。

什么是伪素数？它是由费马小定理引发出的奇异之数。1640 年费马提出的小定理说，若 p 是一个素数，且 a 不能被 p 整除，则 $a^{p-1}-1$ 能被 p 整除。等价的说法是 $a^p - a$ 能被素数 p 整除。例如，$a=2$，$p=3$，则 $f(3) = 2^{3-1}-1 = 3$，则 $f(3)$ 能被 3 整除。

反过来说，若奇数 $n > 1$ 能整除 $2^n - 2$，则 n 是否是素数是否成立？（此即费马小定理的逆命题）

例如，$n=5$，5 能整除 $2^5 - 2 = 30$，则 5 是素数；$n=7$，7 能整除 $2^7 - 2 = 126$，则 7 是素数……

这样一直下去，发现许多 $n < 341$ 时，费马逆定理都成立。

工夫不负有心人，1819 年，法国数学家沙路斯（P. F. Sarras，1798～1861），经过凝神苦算，终于找到第一个反例，他发现 $n=341$ 时，341 能整除 $2^{341}-2$，但 $n=341$ 不是素数，而是一个合数（$341 = 11 \times 31$）。

人们把他发现的第一个数字珍珠——合数 341，既能够整除 $2^{341}-2$，又不是素数的数，命名为"伪素数"或"假素数"，因它欺骗人的时间太长久而得名。

一般伪素数定义是

对于一个合数 n，若它整除 $2^n - 2$，则 n 就为伪素数。

由于发现了第一个伪素数以后，数论专家兴奋起来了，都拿起手中的神笔，企图挖掘出第二、第三……个伪素数。迄今为止，人们证明伪素数有无限多个，但在自然数的大家庭里，若素数约占 99.9%，其中伪素数只占 0.01%，所以，伪素数的个数还是很少的。

17. 孪生素数

两个差等于 2 的素数，被称为孪生数。例如 3 和 5，5 和 7，11 和 13，…，10016957 和 10016959 都是孪生素数。

1989 年，有人得出一对孪生素数 $1706595 \cdot 2^{11235} \pm 1$，有 3388 位，是当时人们所知的最大孪生素数。

关于孪生素数的研究，主要是解决三个问题：

（1）怎样寻找孪生素数（没有一般性规则，但得到一些成果）；

（2）如何构造更多的孪生素数，这是正在研究的问题；

（3）孪生素数有多少个？亦即"孪生素数猜想"。1849 年有人提出"存在无穷多对孪生素数"，但至今尚未得到证明。

此外，"孪生素数猜想"与"哥德巴赫猜想"有着密切的关系。历史上人们关于哥德巴赫猜想的成果同时也就是关于"孪生素数猜想"的研究成果。目前的哥德巴赫猜想的最好成果，是 1966 年我国陈景润（1933～1996）证明的"存在无穷多个素数 p，使得 $p+2$ 是不超过两个素数之和"（即著名的"1+2"陈氏定理。尚差一步获证）。因此，孪生素数猜想至今也未得到证明。

18. 混沌、菲氏数

数学上"混沌"一词是 1975 年出现的，是 20 世纪人类四大科学成就之一（其余三个是量子力学、相对论和计算机科学技术）。

在自然界、社会生活和经济领域等中存在一些混沌现象，如满天乌云、烟尘弥漫、水花飞溅、冬天凝结的冰花、疾病流行、社会动乱、股市涨落、物价升降等，这些现象杂乱无章，混沌而无序，但是有序与无序是并存的，有序是由无序产生的。

我们怎样研究混沌呢？传统科学方法已无能为力了，需要创立新的数学工具去研究混沌现象。似乎混沌在哪里出现，传统科学就在哪里终止。

什么叫混沌，现在科学界尚无大家普遍接受的说法。一般认为，混沌是一种确定性的系统产生的不确定的随机行为（"随机"就是一种偶然的或然的、无法预测的性质）。混沌虽然在宏观上无一定的规律，但在微观上却又有一种复杂有序的结构。

美国康奈大学博士生菲根鲍姆（Feigenbaum）在 20 世纪 80 年代苦苦思索一个"某数值之比"的反复无常变化问题。通过研究他找到其变化规律，即从无序中发现有序。于是，他找到杂乱无章，混沌而无序的"某数值之比"为 $F=4.669202$。于是，人们把 $F=4.669202$ 称为菲根鲍姆常数（这里简称为菲氏数）。这个常数 F 的发现是动力系统研究中的重大突破，不仅揭示动力系统中的混沌，而且证实了混沌确实不是混乱，或不可预测，而是有其固有的性质。

19. 纯元数

完全由 n 个 1 组成的自然数称为纯元数或者叫清一色 1 数，记为 $R_n = \underbrace{111\cdots11}_{n\text{个}1}$，其通项为

$$R_n = \frac{10^n - 1}{10 - 1}$$

聪明的数学家必然提出这样的问题，R_n 具有怎样的性质。首先是"素性"，其次是"非素性"，再次是否是完全平（立）方数……

显然，$R_2 = 11$ 是素数，但 $R_3 = 111 = 37 \times 3$ 是合数（非素性）。于是，当 n 是什么数时，R_n 是素数呢？

从 20 世纪 20 年代以来，数学家经过艰苦研究，好像在数海捞 R_n 为素数这颗金针似的，人们判明 R_{19}，R_{23} 是素数。其后的长时间便没有发现新的 R_n 为素数。

直到 1978 年，美国数学家威廉斯（Williams）证明 R_{317} 是素数，第二年他又猜测 R_{1031} 也是素数。7 年后的 1986 年他和另一位数学家杜伯纳才证明 R_{1031} 的确是素数。R_{1031} 是好大一个数，缩写为 $R_{1031} = \underbrace{111\cdots11}_{1031\text{个}1}$。若不用省略号全部写出 1031 个 1，虽是一件枯燥的事，但却又是一串壮观的数列，试想证明它为素数之困难程度。

纯元数中是否存在无穷多个素数，这是正在研究的问题之一。

截至 1986 年为止，杜伯纳证明了在 $n \leqslant 10000$ 的范围内，纯元数素数 R_n 只有上面可怜的 5 个素数：R_2，R_{19}，R_{23}，R_{317} 和 R_{1031}（其余为合数），"物以稀为贵"，纯元数素数又是稀世之珍的数。

数学家还研究 R_n 是否是完全平方或立方数，这个问题已在 1986 年否定了，对于任何 n，R_n 都不是完全平方数或立方数。

那么 R_n 是否能是某个自然数的 k（$k > 3$）次幂？至今还没有答案。

最后指出，纯元数还可以进一步推广，1979 年，威廉斯和西赫把

$$R_n = \frac{10^n - 1}{10 - 1}$$

推广到

$$W_n = \frac{a^n - 1}{a - 1}$$

数学家研究证明,当 $a = 3$,5,6,7,11,12,…时,即在 $n \leqslant 1000$ 范围内,W_n 只有 41 个是素数,显然,推广后的纯元数素数也是很少的。总之,R_n、W_n 的性质仍在研究之中,今后研究的数目越来越大,难度更大。但是,耐得寂寞,专心执著地为科学奉献的数学家们,对人类智慧极限的难题,"我们必须知道,我们必将知道"。

20. 卡普列克数

据说,一次数学家卡普列克乘火车,在一个车站下车散步解除疲劳时,突然看见一块断裂为两段的铁制的里程牌子,如图 6-3 所示,凭着他对数的敏感,突然一闪,数学的灵感出现了:啊!30+25=55,而 $55^2 = 3025$。这是天造地设的巧合呢?还是自然数中就有这样的特性?他把这种无意中的发现,用简练的语言概括为一个数学命题:"将任意一个自然数从中一分为二后再相加,所得数的平方仍是这个自然数。"

卡普列克把具有这类性质的数用自己名字命名为"卡普列克数"。例如,494209 也是一个卡氏数,因为

$$494 + 209 = 703, \qquad 703^2 = 494209$$

卡氏发现"卡普列克数"的消息公布后,一批数学家进入寻找"卡普列克数"的攀登之路,一个接一个的"卡普列克数"很快被发现了。数学游戏专家亨特(J. A. H. Hunter)对四位以下的数作了耐心地"普查",结果发现了 18 对之多,如

$$88 + 209 = 297, \qquad 297^2 = 88209$$
$$494 + 209 = 703, \qquad 703^2 = 494209$$

执著追求的亨特先生,锲而不舍地用某种方法,借助电子计算机的帮助,他公布说:在 1~9999 的自然数中,他只发现 18 对卡普列克数,真是沧海一粟,寥若晨星。

令人感兴趣的是 1234567900987654321 是一个 19 位的卡普列克数,你看多美:

$$123456790 + 0987654321 = 1111111111$$
$$1111111111^2 = 1234567900987654321$$

日本数学家广濑昌一用某种方法,借助最好的计算机,找到了一个令人"吓一跳"的 100 位的卡普列克数,它是 6 694 214 876 033 057 851 239 669 421 487 603 305 785 123 966 942 014 876 033 057 851 239 669 421 487 603 305 785

123 966 942 148 761，它等于 $\underbrace{81\ 81\cdots81}_{25个81}{}^2$，即 25 个 81 的平方。

你看，迷人的"卡普列克数"，有的数目写出来十分美丽，即简单美、对称美、谐调美、新颖美。不信，再看一例，它会使你狂喜：

$$22222^2 = 493817284, \quad 4938 + 17284 = 22222$$

当然，有学者研究指出不限于 5 个 2；由 14 个 2，23 个 2，32 个 2，41 个 2，…统统清一色的 2（或纯元数）来说，都是若干 2 的平方所得的卡普列克数。

善于联想、拓广的数学家，对于上述由"一分为二"的发现，将一个自然数推广为"一分为三"或"一分为四"后相加，所得数的三次方、四次方仍是卡氏数吗？若有，人们叫它"广义卡普列克数"，事实上有人发现说，有。如三次方的数"一分为三"；

$$4949^3 = 121213882349$$
$$1212 + 1388 + 2349 = 4949$$

所以 121213882349 是一个"广义卡普列克数"。

又如，四次方的数"一分为四"

$$67^4 = 20151121, \quad 20 + 15 + 11 + 21 = 67$$

所以 20151121 也是一个"广义卡普列克数"。

"广义卡普列克数"与"卡普列克数"一样不会多，也是寥寥无几。

总之，人们还在研究之中，发表的论文不少，可以写成一本专门的小册子。

有趣的自然数还有很多，如后面 6.3 节之"3"中的"兰德勒数"或"阿姆斯特朗数"和"水仙花数"等。

6.2 高次幂的个位数

先讲一个寓言，古时候有个小国的使者到中国来，向皇帝进贡了三个一模一样的金人，皇帝乐坏了。可是这个使者向皇帝提出了一个问题："这三个金人哪个最有价值？"皇帝请珠宝匠检查，称重量，看做工，都是一模一样的，说不出答案。

怎么办？使者还等着回去汇报呢？泱泱大国，不会连这个小事都不懂吧？最后，有一位退位的老大臣自告奋勇说他有办法。皇帝将使者请到大殿，老臣胸有成竹地拿着三根稻草，插入第一个金人的耳朵里，这根稻草从另一边耳朵出来了。第二个金人的稻草从嘴巴里直接掉出来，而第三个金人，稻草进去后掉进了肚子，什么响动也没有。老臣说："第三个金人最有价值！"

使者默默无语，答案正确。

这个寓言告诉我们，最有价值的人，不一定是最能说的人。老天给我们两只耳朵一个嘴巴，本来就是让我们多听少说的。善于倾听者，才是成熟的人的最基本的素质。

我们在学习科学知识时，也要像第三个金人一样，把听到、看到的知识"吃进肚子"里，多多思考，慢慢消化，弃其糟粕，吸取营养，增加智慧，转变为能力，提高素质。不善学习，左耳进右耳出，一知半解，夸夸其谈，是不可取的。

1. 整数次幂的个位

整数的正整数次幂的个位数字的确定，这里用记号 $\{m^n\}$ 表示 m^n 的个位数（m，n 为非负整数）。如 73 的个位是 3，记作 $\{73\}=3$，695 的个位数 5，记作 $\{695\}=5$，同理 $\{1234567\}=7$，$\cdots$。

众所周知，一个自然数的平方的个位数是 0，1，4，9，6，5 而不可能是 2，3，7，8。

为研究方便，我们把高次幂的个位数为 0～9 的数分为三类：0，1，5，6；2，3，7，8（$=2^3$）；4，9 来探讨。

各以 0，1，5，6 的任何正整数次幂的个位数的情况。我们可以证明（略）。

规律 1 设自然数 m 的个位数 0，1，5，6，而 n 是任意整数，则 m^n 的个位数与 m 的个位数相同。具体地说，0，1，5，6 的任何次幂的个位数仍是它本身。用记号表示：

$$\{m\}=\begin{cases}0\\1\\5\\6\end{cases}\Rightarrow \{m^n\}=\begin{cases}\{0^n\}=0\\\{1^n\}=1\\\{5^n\}=5\\\{6^n\}=6\end{cases}$$

例 6-1 确定以下各数的个位数：

(1) 1991^{2009}；　(2) 12345^{973}；　(3) 4^{100}。

解 (1) $\{1991^{2009}\}=\{1^{2009}\}=1$；

(2) $\{12345^{973}\}=\{5^{973}\}=5$；

(3) $\{4^{100}\}=\{(4^2)^{50}\}=\{16^{50}\}=\{6^{50}\}=6$。

各以 2、3、7、8 的任何次幂的个位数的情况。

我们看看，$\{2007^{321}\}=\{7^{321}\}=?$ 列表计算

7^n	7^1	7^2	7^3	7^4	7^5	7^6	7^7	7^8	$\cdots$
$\{7^n\}$	7	9	3	1	7	9	3	1	$\cdots$

从表中我们发现一个规律，如 7^n 的个位数 7，9，3，1 循环往复的出现，这就是说，它是以 4 为周期循环。

一般地，$\{7^n\} = \{7^{4k+r}\} = \{7^r\}$，$r = 1$，$2$，$3$。

规律 2 在 m^{4k+r} 中，设 m，k，r 为非负整数，且 $0 \leqslant r < 4$，m 的个位数为 b（$0 \leqslant b < 10$），则

(1) 当 $r = 0$ 时，$\{m^{4k+r}\} = \{m^{4k}\} = \{m^4\}$；

(2) 当 $0 < r < 4$ 时，$\{m^{4k+r}\} = \{m^r\}$。

证明略。

具体地说，各以 2，3，7，8 的高次幂的个位数是循环出现的，循环的周期是 4，表示为

$$\{m\} = \begin{cases} 2 \\ 3 \\ 7 \\ 8 \end{cases} \Rightarrow \{m^n\} = \begin{cases} \{2^r\} \\ \{3^r\} \\ \{7^r\} \\ \{8^r\} \end{cases}$$

这里 $n = 4k + r$，$0 < r < 4$，k 为非负整数。

例 6 − 2 试确定以下各数的个位数。

(1) 2008^{2008}；(2) 3^{1986}（1986 年"缙云杯"数学邀请赛）；(3) 627^{35}；(4) $532^{1982 \times 1983}$。

解 (1) $\{2008^{2008}\} = \{8^{2008}\} = \{8^{4 \times 502}\} = \{8^4\} = \{2^{4 \times 3}\} = \{2^4\} = 6$。

(2) $\{3^{1986}\} = \{3^{4 \times 496 + 2}\} = \{3^2\} = 9$。

(3) $\{627^{35}\} = \{7^{35}\} = \{7^{4 \times 8 + 3}\} = \{7^3\} = \{343\} = 3$。

(4) $\{532^{1982 \times 1981}\} = \{2^{1981 \times 1982}\} = \{2^{(4 \times 495 + 2) \times (4 \times 49 + 3)}\} = \{2^{2 \times 3}\} = \{2^6\} = \{2^{4+2}\} = \{2^2\} = 4$。

例 6 − 3 $3^{1001} \times 7^{1002} \times 13^{1003}$ 的个位数是几？（1983 年美国第 34 届中学生数学竞赛题）

分析 先求各因数的个位数。

$$\{3^{1001}\} = \{3^{4 \times 250 + 1}\} = \{3^1\} = 3$$
$$\{7^{1002}\} = \{7^{4 \times 350 + 2}\} = \{7^2\} = 9$$
$$\{13^{1003}\} = \{13^{4 \times 250 + 3}\} = \{13^3\} = \{3^3\} = 7$$

所以〔原式〕$= \{3 \times 9 \times 7\} = \{189\} = 9$。

各以 4，9 的高次幂的个位数的情况（直接求法）。

规律 3 (1) 个位数是 4 的任意整数的奇数次乘方的个位数是 4；偶数次乘方的个位数是 6。

(2) 个位数是 9 的任意整数的奇数次乘方的个位数是 9；偶数次乘方的个位

数是1。

用记号表示为

$$\{m^n\} = \begin{cases} \{4^n\} = \begin{cases} 4, & n\ \text{是奇数} \\ 6, & n\ \text{是偶数} \end{cases} \\ \{9^n\} = \begin{cases} 9, & n\ \text{是奇数} \\ 1, & n\ \text{是偶数} \end{cases} \end{cases}$$

证明略。当然，解法可用规律3，也可用规律2来解，其结果一致。

例 6 - 4　试确定以下数的个位数：

$$123456789^{123456789}$$

解法 1（用规律3）

$$\{123456789^{123456789}\} = \{9^{123456789}\} = 9 \quad (n\ \text{为奇数})$$

解法 2（用规律2，即周期性）

$$\{123456789^{123456789}\} = \{9^{4\times 30864197+1}\} = \{9^1\} = 9$$

2. 多重幂的个位数

形如 x^{m^n} 的多重幂的个位数的确定（m，n 为非负整数）。

在一般情况下，多重幂的个位求法，要用同余式来解。其实，也可用如下简捷方法来解。

大家知道，费马数 $2^{2^n}+1$ 中 2^{2^n} 就是多重幂的情形之一。可以证明（略）以下3个结论。

结论 1　当 m 为奇数，n 为偶数为

$$\{x^{m^n}\} = \{x\}, \quad \text{即} \ \{x^{\text{奇}^{\text{偶}}}\} = \{x\}$$

例 6 - 5　求 $2009^{2009^{2008}}$ 的个位数。

解　$\{2009^{2009^{2008}}\} = \{2009\} = 9$（结论1）。

结论 2　当 m 为偶数，无论 n 为奇数或偶数。

$$\{x^{m^n}\} = \{x^4\}, \quad \text{即} \ \{x^{\text{偶}^{\text{奇或偶}}}\} = \{x^4\}$$

例 6 - 6　求各数的个位数，(1) $22^{66^{33}}$；(2) $33^{44^{72}}$。

解　由结论2，有

(1) $\{22^{66^{33}}\} = \{22^4\} = \{2^4\} = \{16\} = 6$。

(2) $\{33^{44^{72}}\} = \{33^4\} = \{3^4\} = \{81\} = 1$。

结论 3　当 m 和 n 都为奇数时，

$$\{x^{m^n}\} = \{x^m\}, \quad \text{即} \ \{x^{\text{奇}^{\text{奇}}}\} = \{x^{\text{奇}}\}$$

例 6 - 7　求各数的个位数 (1) 5^{5^5}；(2) $327^{31^{75}}$。

解　由结论3，有

(1) $\{5^{5^5}\}=\{5^5\}=\{5^{4+1}\}=\{5^1\}=5$。

(2) $\{327^{31^{75}}\}=\{327^{31}\}=\{7^{31}\}=\{7^{4\times7+3}\}=\{7^3\}=\{343\}=3$。

形如 $x^{n_1^{n_2^{\cdots^{n_k}}}}$ 的个位数（n_1，n_2，$\cdots$，n_k 和 k 都是正整数）的情况。

可以证明（略）如下 3 个法则：

法则 1　若 $n_1=4q+1$，即第一重幂为 $4q+1$（即以 4 为周期余 1）则

$$\{x^{(4q+1)^{n_2^{\cdots^{n_k}}}}\}=\{x\}$$

例 6-8　求 $3728^{33^{29^{37}}}$ 的个位数。

解　因第一重幂 $33=4\times8+1$，据法则 1，有

$$\{原式\}=\{3728\}=8$$

法则 2　若第一重幂 n_1 为偶数（即以 4 为周期，余数为 0），则

$$\{x^{偶^{n_2^{\cdots^{n_k}}}}\}=\{x^4\}$$

例 6-9　求 $2863^{730^{563^{3729}}}$ 的个位数。

解　因第一重幂 730 是偶数，由结论 2，有

$$\{原式\}=\{2863^4\}=\{3^4\}=\{81\}=1$$

法则 3　在 $x^{n_1^{n_2^{\cdots^{n_k}}}}$ 中，当 $n_1=n_2=\cdots=n_k=3$ 时，则

$$\{x^{n_1^{n_2^{\cdots^{n_k}}}}\}=\{x^3\}$$

例 6-10　求 $47^{47^{47^{\cdots^{47}}}}$ 的个位数

解　因 $47=4\times11+3$，由法则 3，有

$$\{原式\}=\{47^3\}=\{7^3\}=\{343\}=3$$

思考题 17　(1) 证明 $1^{1986}+9^{1986}+8^{1986}+6^{1986}$ 是一个偶数。（1986 年宿州市初中数学竞赛第二试题）

提示：求其和的个位数是偶数即获证。

(2) $1986^{323}+323^{1986}$ 的末位数字是（　）。（1986 年齐齐哈尔市初中数学竞赛）

(3) 求 $73^{37^{12}}$ 的个位数。

(4) 求 9^{9^n} 的个位数（提示，讨论 n 的奇偶性）。

(5) 求 $4^{3^{3^{\cdots^3}}}$ 的个位数。

(6) 求 $2863^{731^{109^{409}}}$ 的个位数。

6.3 数字黑洞之探秘

现在许多天文学家相信，茫茫宇宙之中，存在这样一种极其神秘的星体：

"黑洞"，它具有非常大的物质密度，引力极强，光线不会从它身上逸出。如果星体经过它的吸力范围，都要被它吸进去，再也出不来。它就是一个不发光的星体，"黑洞"名称由此而来。

十分有趣的是，星体物理中的黑洞现象，在数学中也存在，被叫做"数字黑洞"或"数学黑洞"，它是这样一类数，一个任意的数如果经过某种变换成这样数字以后，再按同样规律去变，始终就是这个数，亦即跃进"如来佛"的手心，再也跳不出去了。

我们在前面简单地介绍过的完全数和亲和数，它们都属于"数字黑洞"这类数。下面，再介绍其他几个神奇的"数字黑洞"的秘密。

1. 平方和数字怪圈

有这样的 n 位数（除 0 打头的数不认为是真正 n 位数可以叫退化 n 位数）其各位数字的平方之和，可能跃入循环圈黑洞或者跃入数 1 黑洞。这类平方数字怪圈，就像孙悟空跃入了如来佛的手心，十分神奇有趣。

(1) 掉进循环圈黑洞。例如，任取一数 18，作如下变换：

$$18 \rightarrow \quad 1^2 + 8^2 = 65$$
$$6^2 + 5^2 = 61$$
$$6^2 + 1^2 = 37$$
$$3^2 + 7^2 = 54$$
$$5^2 + 4^2 = 41$$
$$4^2 + 1^2 = 17$$
$$1^2 + 7^2 = 50$$
$$5^2 + 0^2 = 25$$
$$2^2 + 5^2 = 29$$
$$2^2 + 9^2 = 85$$
$$8^2 + 5^2 = 89$$

将左边运算变换过程，浓缩简写成：
$18 \rightarrow 65 \rightarrow 61 \rightarrow 37 \rightarrow 54 \rightarrow 41 \rightarrow 17 \rightarrow 50 \rightarrow$
$25 \rightarrow 29 \rightarrow 85 \rightarrow 89$

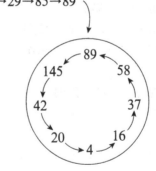

仿上法继续，出现循环圈，如右

显然，仿上法则，这类数在运算变换过程中，会掉进循环圈内某一个数。读者一试自明。

又如，任取 1234，其各位数字的平方之和，可跃入循环圈。现将其过程的浓缩简写为

$1234 \rightarrow 30 \rightarrow 9 \rightarrow 81 \rightarrow 65 \rightarrow 61 \rightarrow 37$（已掉进如上面的循环圈子了）。

(2) 跃入数 1 黑洞。另一类数，例如，任选 32，仿上运算如下：

$$32 \rightarrow \quad 3^2 + 2^2 = 13$$

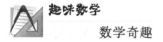

$$1^2 + 3^2 = 10$$
$$1^2 + 0^2 = 1$$

上述过程简写为 32→13→10→1（跃入数 1 的黑洞）。

又如，1995→188→129→86→100→1。

这类数经过上述运算法则，便跃进"数 1 的黑洞"里，再也出不来了。这个"1"，有人叫"沟"，也有人叫"汇"，亦即"百川汇海"的意思。

此外，关于经过上述变化跃入数 1 的黑洞的方式不止一种，则此数叫做"自生成数"，又叫"自恋性数"。其他方式见后面 3。

综上（1）、（2）可知，任何一个自然数，各位数字平方和不是掉进循环圈黑洞，就是掉进数 1 的黑洞。不知道你是否能找到反例，推翻此说，读者一试。下面，我们依次给出 1～20 各位数字之平方和（浓缩过程的简写形式），供你继续普查运算下去，能否出现奇迹（找到反例）。

1→1，$1^2 = 1$，掉进数 1 的黑洞，下只写 1。

2→4→16→37→58，掉进循环黑洞（下写"黑洞"）。

3→9→81→65→61→37→58，黑洞

4→16→37→58，黑洞

5→25→29→85→89，黑洞

6→36→45→41→17→50→25→29→85→89，黑洞

7→49→85→89，黑洞

8→64→52→29→85→89，黑洞

9→81→65→61→37→58，黑洞

10→1

11→2（见上 2）最后黑洞

12→5（见上 5）最后黑洞

13→10→1

14→17→50→25（见上 5）黑洞

15→26→40→16（见上 4）黑洞

16→37→58，黑洞

17→50→25（见上 5）黑洞

18→65→61→37→58，黑洞

19→82→68→100→1

20→4（见上 4）黑洞

2. 立方和数字怪圈

上节介绍了平方和数字怪圈，这里介绍一个自然数各位数字的立方和的数

字怪圈。其实，仔细研究这类数，我们可以得到如下一般性结论：

任何一个正整数的各位数字的立方和，至多重复 20 次上述过程后，其结果一定落在 15 个数的怪圈上，这 15 个数是

$$1，55，133，136，153，160，217，244，250$$
$$352，370，371，407，919，1459$$

读者还可以列举出这类数，一定会证实此结论的真实性。当然，读者也可以进行"普查"，能否找出一个反例推翻此结论，我们等待。

其实，还有学者研究后进一步提出，如果你随意写出一个 3000 以下的自然数（它可以代表很大的数），计算它各位数字的立方和，至多重复 10 次，其结果可能落在上述 15 个数字怪圈或循环黑洞或等于该数本身。读者不妨一试。

关于立方和数还有许多有趣性质，其运算结果与上述一致。如

性质 1 有的数要计算二次或三次，其各位数字立方之和结果等于原数。

例 6 - 11 两次计算的结果等于原数。

(1) 如 244：$2^3+4^3+4^3=136$，$1^3+3^3+6^3=244$（原数）。

(2) 如 919：$9^3+1^3+9^3=1459$，$1^3+4^3+5^3+9^3=919$（原数）。

例 6 - 12 三次计算的结果等于原数，如

160：$1^3+6^3+0^3=217$，$2^3+1^3+7^3=352$，$3^3+5^3+2^3=160$（原数）。

性质 2 以色列人菲尔·科恩（Phil Kohn）首先发现性质 2，但由数学家渥贝纳（T. H. Beirne）最早披露并给出了证明，这个性质是：

如 153 各位数字之和有一个奇异特性：即对于任意一个是 3 的倍数的数，其各位数字的立方相加得一数，把这个数的各位数字再取立方相加又得一数……这样重复进行下去，必可在有限步内到达 153（原数）。

例 6 - 13 210 是 3 的倍数，其变换过程如下：

210：$2^3+1^3+0^3=9$，$9^3=729$，$7^3+2^3+9^3=1080$，$1^3+0^3+8^3+0^3=513$，$5^3+1^3+3^3=150$（再往下算，必是 153 的循环黑洞）。

性质 3 在自然数集合中任取连续三个自然数（t，$t+1$，$t+2$）。

(1) 若 t 是 3 的倍数，则如例 6 - 13 的运算变换，必将掉进 153 黑洞。

(2) 若 $t+1$ 是一个三位自然数，一般来说，则将掉进 371 的循环黑洞。

(3) 若 $t+2$ 是一个三位自然数，一般来说，则掉进某数的循环黑洞。

例 6 - 14 任取连续的三个三位自然数 342，343，344，仿上复核。

342：$3^3+4^3+2^3=99$，$9^3+9^3=1458$，$1^3+4^3+5^3+8^3=702$，$7^3+0^3+2^3=351$，$3^3+5^3+1^3=153$ 黑洞

343：$3^3+4^3+3^3=118$，$1^3+1^3+8^3=514$，$5^3+1^3+4^3=190$，$1^3+9^3+0^3=730$，$7^3+3^3+0^3=370$ 黑洞

344：$3^3+4^3+4^3=155$，$1^3+5^3+5^3=251$，$2^3+5^3+1^3=134$，$1^3+3^3+4^3=92$，$9^3+2^3=737$，$7^3+3^3+7^3=713$，$7^3+1^3+3^3=371$ 黑洞

有学者说，但须指出，上述性质 3 是对一般而言，也有少数情况会发生以下各种例外，即可能掉进数 1 的黑洞或某数的循环黑洞。

(1) $t+1$ 掉进数 1 的黑洞。如 112：$1^3+1^3+2^3=10$，$1^3+0^3=1$。

(2) $t+1$ 进入某数的循环黑洞。例如，

①520：$5^3+2^3+0^3=133$，$1^3+3^3+3^3=55$，$5^3+5^3=250$，$2^3+5^3+0^3=133$ 循环

②793：$7^3+9^3+3^3=1099$，$1^3+0^3+9^3+9^3=1459$，$1^3+4^3+5^3+9^3=919$，$9^3+1^3+9^3=1459$ 循环

性质 4 有趣的 π 值也进入某数循环黑洞。

如取 π$=3141592654$（没有小数点）则

$3^3+1^3+4^3+1^3+5^3+9^3+2^3+6^3+5^3+4^3=1360$，$1^3+3^3+6^3+0^3=244$，$2^3+4^3+4^3=136$，$1^3+3^3+6^3=244$ 循环

又取 π 的不足近似值：31415926（无小数点），则

$3^3+1^3+4^3+1^3+5^3+9^3+2^3+6^3=1171$，$1^3+1^3+7^3+1^3=346$，$3^3+4^3+6^3=307$，$3^3+0^3+7^3=370$，$3^3+7^3+0^3=370$ 循环

又取 π 的过剩近似值：31415927（无小数点），则

$3^3+1^3+4^3+1^3+5^3+9^3+7^3=1298$，$1^3+2^3+9^3+8^3=1250$，$1^3+2^3+5^3+0^3=134$，$1^3+3^3+4^3=102$，$1^3+0^3+2^3=9$，$9^3=729$，$7^3+2^3+9^3=1080$，$1^3+0^3+8^3+0^3=513$，$5^3+1^3+3^3=153$ 循环

同样，取 π 为 31416（无小数点），仿上可得 153。

3. 高次方和是本身

有这样的 n 位数，其各位数字的 n 次方之和恰等于该数本身，则此数叫做"自生成数"或"自恋性数"。这是由平方和、立方和推广的一种数字黑洞。一般表成

$\overline{a_1a_2a_3\cdots a_n}=a_1^n+a_2^n+a_3^n+\cdots+a_n^n$（$n\geqslant3$ 的正整数），如

$371=3^3+7^3+1^3$，　$9926315=9^7+9^7+2^7+6^7+3^7+1^7+5^7$，…

是谁发现这类数呢？

有一篇文章介绍说，数学家兰德勒（Randle）发现一个四位数、五位数等于各位数字的 4 次方、5 次方之和，如

$1634=1^4+6^4+3^4+4^4$，　$54748=5^5+4^5+7^5+4^5+8^5$

为此，他定义了以自己名字命名的"兰德勒数"，它满足 $\overline{a_1a_2a_3\cdots a_n}=a_1^n+$

$a_2^n + a_3^n + \cdots + a_n^n$ 的整数。遗憾的是，笔者尚未查到发现的年月，不知是否最早发现这类"自生成数"。

但在另一本书说，著名数学家阿姆斯特朗（Armstrong）首先注意到"自生成数"这一现象进行了研究，因此把这种数叫做"阿姆斯特朗数"。笔者也未查到他发现的年月。

这类数凤毛麟角，屈指可数，十分稀少。显然对于一位数 $n=1$ 的情况，任意自然数都必然是自生成数，或又叫"平凡自恋性数"。$n=2$ 时的两位数没有自生成数，除非把 01 看成是两位数。$n=3$ 时的三位数的"自生成数"，有人又美称为"水仙花数"，共有 4 个：

$$153 = 1^3 + 5^3 + 3^3, \quad 370 = 3^3 + 7^3 + 0^3, \quad 371 = 3^3 + 7^3 + 1^3, \quad 407 = 4^3 + 0^3 + 7^3$$

当然，这里所说只有 4 个，是指"兰德勒数"或"阿姆斯特朗数"。事实上，存在一些三位自然数的各位数字的立方和，经过多次运算，不是等于原数本身，就是最终等于上述 4 个。如上面"立方和数字怪圈"中的性质 1～性质 3。因此，这类立方和数不止 4 个。

据学者研究记载，数学家尼尔森（H. L. Nelson）经过大量工作，在 1963 年给出了人们发现的"兰德勒数"当 $=1～10$ 位数各位数字的 $1～10$ 次方之和的"兰德勒数"如下：

$n=1$，2，3 上面已介绍了，其余为

$n=4$（3 个）：1634（$=1^4 + 6^4 + 3^4 + 4^4$），8208，9474

$n=5$（3 个）：54748，92727，93084

$n=6$（1 个）：538834

$n=7$（4 个）：1741725，4210818，9800817，9926315

$n=8$（3 个）：24678050，24678051，88593447

$n=9$（4 个）：146511208，472335975，534494836，912985153

$n=10$（1 个）：4679307774 $= 4^{10} + 6^{10} + 7^{10} + 9^{10} + 3^{10} + 0^{10} + 7^{10} + 7^{10} + 7^{10} + 4^{10}$

数学家又研究指出，上述"兰德勒数"仅当 $n \leqslant 60$ 时，才可能存在。这是因为 n 位数数字的 n 次方之和不能超过 $n \cdot a^n$，而当 $n=61$ 时，$61 \cdot 9^{64} < 10^{60}$，是不存在的。但当 $n \geqslant 62$ 的自然数是否存在"兰德勒数"或其他的数，有待发现。

4. 逆序数差的黑洞

1954 年，印度学者卡泼里卡（D. R. Kaprekar）发现这样奇特的数，由不同数字组成的一个数，先由大到小之序排列好，再按由小到大之序排列好（0 排头占位数），从前者（大数）减去后者（小数），其差仍由相同数字组成，如上反

复计算，最后仍由这些相同数组成。这种数，他以自己的名字命名为"卡泼里卡常数"。

其实，这是逆序数之差造成的黑洞（逆序数指顺写倒写的数字相同，但不是相同的两个数），如 321 的逆序数是 123。

研究者发现，这种数比"自生成数"更稀少。

（1）由 4，5，9 组成的三位数只有一种。

先从大到小为序排列为 954，再从小到大为序排为 459（即是 954 的逆序数），相减（大数减去它的逆序数）

$$954-459=495$$

仍是相同的 4，5，9 组成的黑洞。

（2）由 1，4，6，7 组成的四位数，也只有一种：

$$7641-1467=6174（黑洞）$$

（3）互为逆序数两数相减（大数减小数），得其差，再重复这一过程，必能在有限步内进入循环数黑洞，即得"卡泼里卡常数"。（高位可以为 0，表示位数）

例 6 - 15 取 2483，依从大到小排列，减去它的逆序数，得其差，再对差数按大到小排列，再减去它的逆序数，如此继续，最后得循环数黑洞。即

$$8432-2348=6084, \quad 8640-0468=8172, \quad 8721-1278=7443$$
$$7443-3447=3996, \quad 9963-3699=6264, \quad 6642-2466=4176$$
$$7641-1467=6174（再算掉入循环数 6174 黑洞）$$

例 6 - 16 取 819，仿上变换过程如下：

$$981-189=792, \quad 972-279=693, \quad 963-369=594$$
$$954-459=495（再算进入循环黑洞）$$

例 6 - 17 取 47295，则卡泼里卡数过程为

$$97542-24579=72963, \quad 97632-23679=73953, \quad 97533-33579=63954$$
$$96543-34569=61974, \quad 97641-14679=82962, \quad 98622-22689=75933$$
$$97533-33579=63954（进入循环数 63954 黑洞）$$

5. 跌入数"1"的黑洞

在自然数中，前面介绍过完全数和亲和数，不管你怎样进行"魔术"般的变换，本身具有抗御黑洞的吸引力和诱惑力，它们最终不会掉入数 1 的黑洞，要么保持"金身"不变（完全数）；要么保持牢不可破的"友谊"（亲和数），而其余的自然数，约有三种方法掉入黑洞，一种方法是采用各位数字的平方、立方之和掉入循环黑洞或数 1 的黑洞；第二种方法即是用下面的方法掉入数 1 的黑

洞。即取自然数的因数（含1，除本身外）之和，重复此法，最后变换收敛于1，恰似"百川归大海"都归纳为1，亦即掉进数1这个黑洞。对于素数（在自然数中，除了1和它本身以外，再没有因数），这个结论是不言而喻的（依法则因数只有1，本身除外）；但对于合数，在重复的取各因数之和的过程中，一旦某一步的结果为素数，顷刻间便掉进数1这个黑洞，例如，20的因数（含1，除本身）有1，2，4，5，10，则其和为

20：1＋2＋4＋5＋10＝22　（22因数为1，2，11表示22：下同。）22：1＋2＋11＝14　14：1＋2＋7＝10，　10：1＋2＋5＝8，　8：1＋2＋4＝7⇒1掉进数1黑洞。

第三种方法是，在20世纪30年代，出现的一个风靡世界的数字游戏，他们是通过另一种运算程序，将任意的一个自然数掉入数1的黑洞，这个程序，即游戏规则是：任意一个自然数 x，

（1）如果是偶数，用2除它（即按 $\frac{x}{2}$ 运算），这样反复运算，结果必为1，也就是掉进了数1的黑洞；

（2）如果是奇数，则将它乘以3之后再加上1（即按 $3x+1$ 运算），这样反复运算，最后结果必然为1，亦即掉进了数1的黑洞。

这个游戏的名称很多，如称为"角谷猜想"、"冰雹猜想"、"$3x+1$问题"、"柯拉茨猜想"。常称"冰雹猜想"。

例如，任取一个自然数 $x=6$，6是偶数，按 $\frac{x}{2}$ 运算 $6÷2=3$，3是奇数，则按 $3x+1$ 运算，即 $3×3+1=10$，10是偶数，按上述游戏规则继续运算，$10÷2=5$，$3×5+1=16$，$16÷2=8$，$8÷2=4$，$4÷2=2$，$2÷2=1$。

把上例游戏过程，简明合写在一起：

$6→6÷2=3→3×3+1=10→10÷2=5→3×5+1=16→16÷2=8$
$→8÷2=4→4÷2=2→2÷2=1$

再将此例的演算过程浓缩简写为

$6→3→10→5→16→8→4→2→1$

最后得到最小的正整数1（百川归大海），亦即掉进数1的黑洞。

迄至今日，数学家普查了很大的自然数，都认为是对的，也没有找到一个反例推翻它。当然，在魔术般的运算变换过程中，其数字时而大，时而小，但都会"百川归大海"，掉进数1的黑洞中去。

6. 有趣三组数等式

有学者发现了以下三组数字之和的二、三、四次方的等式，是否是规律？

还有别的等式吗？现摘录供思考。

$$(8+1)^2=81$$
$$(5+1+2)^3=512$$
$$(4+9+1+3)^3=4913$$
$$(5+8+3+2)^3=5832$$
$$(1+7+5+7+6)^3=17576$$
$$(1+9+6+8+3)^3=19683$$
$$(2+4+0+1)^3=2401$$
$$(2+3+4+2+5+6)^4=234256$$
$$(3+9+0+6+2+5)^4=390625$$
$$(6+1+4+6+5+6)^4=614656$$

另外，有学者发现

$$(1+2+3+4)^2=1^3+2^3+3^3+4^3$$

7 数学史上的失误

人的一生总有失误、失败、挫折，有时人是很生气的（包括数学家在内）。谈到生气，我们读到一首劝人不气歌，是清代光绪年间的内阁大学士阎敬铭写的《不气歌》，内容如下：

> 他人气我我不气，我本无心他来气；
> 倘若生气中他计，气下病来无人医；
> 请来医生把病治，反说气病治非易；
> 气之有害大可惧，诚恐因气将命废；
> 我今尝过气中味，不气不气真不气。

我国古代医学宝典《黄帝内经》云："怒伤肝，思伤脾，忧伤肺，恐伤肾。"现代医学也认为，人的许多疾病都与精神因素有关。

因此，我们不要生气，要努力培养宽容大度、超然洒脱的气质，心态要平衡，不心胸狭窄，不气量狭小，不斤斤计较，少生气，多笑笑。

在数学史上，数学家对失误、失败、挫折大都坦然面对，因为他们具有崇尚理、执著献身数学的精神。他们聪慧睿智，严谨细致，淡泊名利，言必有据。数学家与我们不同的只不过是：他们总是集中精力，攻克那些悬而未决的数学问题，津津有味地折腾那些枯燥无味的计算和推理，勇于创新，善于思考。然而，数学家在研究中，由于历史条件或认识的局限，不论是数学泰斗，或者是数学巨匠，总会"智者千虑，必有一失"，毕竟"金无赤金，人无完人"。对于这些不足，无损于他们的光辉。

本章选介数学历史上的一些失误，以人为镜。

7.1 剽窃者难逃裁决

希腊数学家、天文学家、地球学家托勒密（Ptolemy，约 100～170）是历史上赫赫有名的科学家之一。他的主要著作《天文学大成》（又译为《数学（天文学）汇编》）共 13 卷，被后人誉为"伟大的数学书"，并被阿拉伯人所继承。他出生于埃及，是宫廷科学家，也是三角学的奠基者。他创造出世界上第一张三角函数表。

托勒密在数学上有一个以他名字命名的"托勒密定理"，载于他的《天文学大成》一书中。但经查证，这个定理最早出现在古希腊希帕霍斯（Hipparchus，前 180～前 125）的著作中，托勒密是从他的书中摘出来的，被后人误称为"托勒密定理"，但因历史沿用久远，至今无法改正了。这个定理常出现在古今几何学中（如 20 世纪 90 年代初中平面几何第二册中的一道题）。

托勒密是世人崇敬的宇宙巨人，却因在学术观点或"科学不端行为"上，有人认为他是一个泥足巨人。他至少有三个重大失误或错误。

第一个是创立"地心说"（太阳系是以地球为中心）的错误理论（又说是公元前 4 世纪亚里士多德提出），在西方统治了约 1400 年，后被哥白尼的"日心说"（以太阳为中心）真理推翻。这是他认识上的失误。

第二个失误是他第一个怀疑欧几里得《几何原本》的第五公设，用今等价公理说"过直线外一点，只能作一直线与已知直线平行"（简称为平行公设），他认为不是公设，是可以证明的命题。错误地引导致使后世许多数学家寻找证明而误入歧途。人类花了两千年左右的时间的代价未能成功，直到"非欧几何"诞生，才证明与纠正了这个错误，弄清第五公设是公理而不是命题。

第三个也是最为严重的问题，就是"科学不端行为"，剽窃别人的学术成果。据《中国科学报》1989 年 8 月 22 日沈颖一文披露说：

19 世纪时，天文学家们重新审查托勒密的原始数据时，他们根据行星现在方位所作的反推算的结果，"证明托勒密的许多观察都是错误的。一位天文学家认为，他的数据多是从希帕霍斯（公元前 180～前 125 年）那里偷来的。希帕霍斯曾经编过古代最好的星表"。希氏不可能知道，他的科研劳动成果"几乎造就了一个比他伟大得多的天文学巨人（托勒密）"。

最令人感兴趣的是，约翰斯·霍普金斯大学应用物理实验室的罗伯特·纽顿在《托勒密的罪行》一书中，精心收集了几十个例子，"这些例子说明托勒密所报道的结果同他想要证明的东西一模一样，而同他通过观察应该得到的结果却相去甚远！纽顿提供的事实证明，托勒密不仅有剽窃的嫌疑，而且还犯了科学界的一桩更摩登的罪行——引用根据自己的理论臆造出来的数据来支持他的理论"。

历史车轮驶过约 1700 年以后，剽窃者还是难逃脱时间的裁决，历史宣判托勒密天文学的数据不是自己观察得到的，而是盗窃他人来的。

思考题 18 证明"托勒密定理"：圆内接四边形的两组对边之和等于两对角线的乘积。

7.2 自夸者食其苦果

埃及有一位数学家阿尔哈森（Alhazen，约 965～1039），在几何方面提出了一个所谓"阿尔哈森问题"：设 P 是已知圆周上一动点，A，B 是两定点，问 P 在何处，能使 $PA^2 + PB^2$ 或 $PA + PB$ 为极大或极小。这个问题引入了二次方程。

在算术方面，他提出了以他名字命名的问题：求能被 7 整除，而用 2、3、4、5、6 去除均余 1 的那些数。在代数方面，他曾用代数法解某些三次方程，用几何方法解某些四次方程。

阿尔哈森的失误不是数学问题，据说是他自己吹牛说假话的结果。众所周知，埃及尼罗河每年一度的泛滥，造成田地重新测量，因此，阿尔哈森自夸地说："他能造一部会防止尼罗河泛滥的机械。"数学家能解决泛滥难题的消息不胫而走，传到了埃及国王那里。他被召集到开罗讲他发明的机械。

阿尔哈森心里知道，他无法设计造出这种机械。因此，他不敢去见国王，怕以"欺骗"治罪，他只好装疯卖傻，因为当时对精神病患者免于处罚。可怜的阿尔加森从此不得不小心翼翼地装疯，直到 1021 年国王死后，他才"成为"正常人。

由于阿尔加森夸口的失误，最终自食其苦果。

7.3 不是阿拉伯数字

1990 年 1 月 2 日，上海《报刊文摘》上有一文说："1，2，3，…不是阿拉伯数字。"文章作者说，他于 1989 年去埃及时惊奇地发现，在这个阿拉伯国家，人们写数字，却不是这种写法，从物价牌上的定价到汽车牌号，从书刊的页码到广告牌上的电话号码，全部是一些陌生的文字，许多受过教育的人不认识 1，2，3，…，埃及乃至整个阿拉伯世界，只有学过英语的人才认识 1，2，3，…（称为英语数字），文章作者列出了埃及人现在使用的 0 到 9 的阿拉伯数字依次是

组成 10 以上的数的方式，跟英语数字写法一样如 17 写作 ᛁᚢ，32 写作 ᛗᛁ，698 写作 ᚹᚦᛁ。"因此，有必要帮助国人将 1，2，3，…是阿拉伯数字的概念纠正过来，它是英语数字，而非阿拉伯数字。"

无独有偶，有这种认识的不止一人。在《青年知识》、《新华文摘》等报纸

上，也曾登载过"1，2，3，…不是阿拉伯数字"之类的文摘（后因被专家学者指出是错误的才作了更正）。

与上相反，在欧洲一些数学史书中记载说"1，2，3，…，9"是阿拉伯数字。

关于产生"1，2，3，…不是阿拉伯数字"的意见，说明他们缺乏对阿拉伯数字的历史渊源的了解。

事实上，这是数学史上的失误。因为，印度人早在公元5世纪左右就已发现印度数码，公元773年，印度数码传入阿拉伯，在传入的基础上，阿拉伯人进行改进，演变成阿拉伯数字。大约在11世纪阿拉伯数码传入欧洲，又经欧洲人完善，最后演变为数码0，1，2，3，…，9，故此应称为印度-阿拉伯数字。

再说，那位去埃及的作者，不了解埃及人除使用1，2，3，…数字外，也同时使用他们民族古代创造而留传下来的数码，就像中国人不仅使用印度-阿拉伯数字1，2，3，…，还同时使用中文小写数字一、二、三……或中文大写数字壹、贰、叁……有时也使用罗马数码Ⅰ，Ⅱ，Ⅲ，…。

所以，失误是由于不知道印度-阿拉伯数码的来源而产生的（徐品方和张红，2006）[65~74]。

7.4 美国数学会会徽

1888年，费思克（T. S. Fiske）创立了以哥伦比亚大学为中心的纽约数学会（即今美国数学会的前身）。这个数学会发展得十分迅速，到1894年就演变成了美国数学会（缩写为AMS）。这是一个全国性的民间学术团体。当时会员起码是大学级数学专家学者组成的，有19 500名。

美国数学会于1924年有了自己的会徽，会徽是一个二十面等边三角形的立体。当年美国数学会的重要会刊"美国数学月刊"还载文赞赏这个会徽图案。但是，令人吃惊的是该会徽的图形竟被画错了，这与欧洲教育重视绘图的准确性相悖。

美国华盛顿大学数学家格林鲍姆（B. Grünbaum，1929～），生于南斯拉夫，1954年在耶路撒冷获得希伯来大学理学硕士；1958年获该校数学博士学位。1958～1960年为普林斯顿高级研究员，1970年以后任华盛顿大学教授。他专长于几何学，在组合几何、图论等方面有贡献，著有《凸多胞形》（1967年），因此，他睿智的眼睛，使他看见图形就迷恋、陶醉。

大约在1974年的一天，格林鲍姆教授突然发现一枚邮票上面画了一个二十面等边三角形的立体，一看说明便知道是美国数学会会徽，作为一个会员，职业养成的习惯，使他认真端详，结果他发现图形画错了，如图7-1（a）所示。

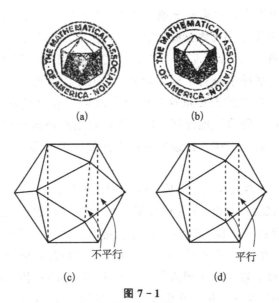

(a)　　　　　(b)

不平行　　　　　平行

(c)　　　　　(d)

图7-1

他说："我记起以前欧洲教育界是多么重视绘图的准确性，就忍不住偷笑，笑德国的水准跌得多么低。我把簿合上，但是恐怖而又难以置信地看到另一个错误，就是簿面上我们的会徽（指美国数学会的）竟是一个画错了的二十面等边三角形立体。"

美国数学会会徽画错50年后，才被格林鲍姆教授发现，这个错误如图7-1（c）所示。一般的数学人是不易看出来的，他指出：不妨把上下相对的四点各连成两条直线（如图7-1（d）此处用虚线表示），就可以看出，图形画得对，两线应该是平行的（无论什么角度都是），画错了的就斜（图7-1（c）），图7-1（d）是正确的图样。

1987年，我国甘肃省数学会和西北师范学院合办的《数学教学研究》杂志（1987年第4期第50页）上刊发这篇简讯时，加了"编者注"说："这篇通讯是一位外国朋友寄来的，原登载于某中文报上，我们寄给国际数学联盟数学教育委员会副主席李秉彝教授请教，他询问后证实确有其事。另外，图中虚线是编者添的。"

这是数学史上一个失误，半个世纪后才被发现并改正过来。

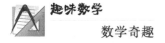

7.5 π值 707 位之错

人们在实际应用中，只需取 π 值为 3.14 或 3.1416 便足够了。那么人们为什么要付出高昂的代价，无休止地计算下去呢？如 1995 年日本人利用计算机把 π 值计算到小数点后 64.4 亿位，成为当时最新纪录。现在还在不断刷新。德国数学史家 M. 康托尔回答了这个问题，他说："历史上一个国家所算得的圆周率的准确度，可以作为衡量这个国家当时数学发展的一个指标。"因此，人们拼命甚至有点"发疯"地计算 π 值，毕竟这是反映该国计算技术（当代是反映电子计算机）的先进性、快速性和可靠性的一个标志，难怪人称"π 是文明的标志"。

在数学史上，许多人计算过 π 值。但有的人失误，如 1873 年，英国人尚克斯（W. Shanks，1812～1882），利用计算 π 值的公式，耐得住寂寞的他用手工将 π 值算到小数点后 707 位，当时可称得上是惊人之举，但是否正确，当时也没有人去验算。在 73 年之后的 1946 年，英国曼彻斯特大学的弗格森（D. F. Ferguso）和华盛顿的美国人伦奇（J. W. Wrench）各自独立地都发现尚克斯的结果只正确到第 527 位，在第 528 位上应该是 4，而尚克斯误作 5。他俩继续计算下去，于 1948 年 1 月两人共同发表了小数点后 808 位正确的 π 值，这是人工计算 π 值的最高纪录，也是人工计算 π 值的最后计算结果，因为，1946 年电子计算机诞生后，人们开始用电子计算机计算 π 的更精确的近似值。如 1949 年，美国马里兰州阿伯丁的军队炸药研究中心，用电子计算机 ENIAC 计算出 π 值至 2037 位小数。

7.6 海伦公式的传说

许多数学书上说，活跃于公元 62 年左右的希腊数学家海伦（Heron）在其著作《度量论》一书中，给出了已知三角形三边 a，b，c 的面积公式

$$S_\triangle = \sqrt{s\ (s-a)\ (s-b)\ (s-c)}$$

这里 $s = \frac{1}{2}(a+b+c)$。因此都称上式为"海伦公式"。

其实，这个公式是阿基米德最早发现的，应该叫"阿基米德面积公式"，但因"海伦公式"名称已成为习惯用语而无法改正了，这也可以说是数学史上一个失误。

此外，据《数学通报》1962 年第九期上，有一篇文章"二次方程求根公式

的历史"说：希腊数学家海伦，曾得到一元二次方程（用今式表示）$ax^2+bx+c=0$（$a\neq0$）的一个求根公式：

$$x=\frac{\sqrt{4ac-b^2}-b}{2a}$$

因当时的希腊人不承认负数，那时更没有发现复数，他这样写$\sqrt{4ac-b^2}$，据说是表明$4ac-b^2$是正数。

我们暂不考证海伦是怎样得到上述公式及其写法，但我们要说的，上述式子$\sqrt{4ac-b^2}$的表示是错误的。今天已知，9世纪时，阿拉伯数学家阿尔·花拉子米发现的求根公式是

$$x=\frac{-b\pm\sqrt{b^2-4ac}}{2a}$$

并且证明，当$b^2-4ac\geqslant0$时，方程有两个实根；当$b^2-4ac<0$时，方程没有实数根。因此，海伦求根公式$\sqrt{4ac-b^2}$中，若$4ac-b^2>0$，即$b^2<4ac$，显然，从正确公式讲方程没有实数根。因此，这种为了避免$4ac-b^2$是负数的表示是错误的。这是海伦的一个失误。当然，囿于当时的情况，这也能够被后人理解。

7.7 不实的素数定理

在数学史上有一个贻笑大方的名不副实的故事，并因为其错误的冠名而流传后世。

故事是这样说的，英国有一个剑桥大学毕业的威尔逊（J. Wilson，1741～1793）曾经当过律师和法官。在读大学时，威尔逊的老师华林（E. Waring，1734～1798）是在无穷级数理论与数论方面有突出贡献的著名数学家，闻名的"华林问题"仍是至今许多数论学家"咬定青山不放松"的研究课题，并且在研究中产生和发展了许多新的数学方法。

华林的学生威尔逊是否是业余研究数论，我们未看到这方面的文献，但我们看到数学史书如下记载，200多年来全世界的数论教科书上都沿革下面这个定理：

威尔逊定理 若p为素数，则p可整除$(p-1)!+1$；若p为合数，则p不能整除$(p-1)!+1$。

追溯这个定理的源头，原来公布"威尔逊定理"的不是别人，正是他的老师。华林于1770年出版了名著《代数沉思录》一书，书中不仅有他发现的"华林问题"还首次公开发表了著名的哥德巴赫猜想，以及关于素数的威尔逊定理等。

华林披露的"威尔逊定理"，在其公开发表的三年后的 1773 年就被法国数学家拉格朗日（J. L. Lagrange，1736～1813）证明了。

关于上述故事，"好玩的数学"丛书之一《数学聊斋》（王树禾，2004）[33]中说：事实上，这条定理是莱布尼茨（1646～1717）首先发现的，后经拉格朗日证明的；威尔逊的一位擅长拍马屁的朋友沃润（E. Waring，笔者认为可能是华林的另外译名）于 1770 年出版的一本书（见上）中吹嘘地说是威尔逊发现的这一定理，而且还宣称这个定理永远不会被证明，因为人类没有好的符号来处理素数。这种话后来传到德国数学王子高斯的耳朵里，当时高斯也不知道拉格朗日早就证明了这一定理，于是，高斯在黑板前站着想了 5 分钟，就当面向告诉他这一消息的人证明了这一定理。高斯批评威尔逊说："他缺乏的不是符号而是概念。"

由于威尔逊定理戏剧性的冠名以及这个定理的重要性，难怪有人戏剧性称："如果一个人不知道威尔逊定理，那他就白学了算术。"

我们认为，《数学聊斋》一书的作者所写的前面那段话，一定有资料依据。如果文献的史料真实，则正说明这是数学史上又一失误。

看来，应该将"威尔逊定理"改为"莱布尼茨定理"。可是，现在很难还历史本来面目。因为，经验告诉我们，无论在生活或科学中，一开始形成的东西，一旦养成习惯，演变为"俗成"是不易纠正过来的。

最后顺便讲一下，所谓素数威尔逊定理只是一个理论上有价值的成果，它在具体实施操作的价值方面，可以说是一个无效的坏算法，因为 $(p-1)!$ 表示 $p-1$ 个数的阶乘，即从 1 到 $p-1$ 个自然数连续相乘，其运算量与数字之大是惊人的。如 $10! = 10 \cdot 9 \cdot 8 \cdot 7 \cdot 6 \cdot 5 \cdot 4 \cdot 3 \cdot 2 \cdot 1$，当素数 p 很大，计算其 $p-1$ 阶乘更是难上难，可谓难于上青天。如 2001 年 11 月 14 日一位 20 岁的加拿大青年，花 45 天时间，在计算机上找到一个 4053946 位素数，即从 $1 \times 2 \times 3 \times \cdots$ 连续乘至 400 多万位的自然数，确实是很难计算的，所以威尔逊定理是一个难实施价值的判别法。

7.8 算盘发明权之争

关于算盘的"发明权之争"，1.5 节之"5"中已介绍了，在此作为一个失误，简记如下：1954 年左右日本学者的论著中说，"中国算盘是从罗马传入的"。我国学者以翔实史料，证明了"中国算盘西来说"的错误，纠正了这一失误，肯定了算盘是中国发明的。

7.9 为 "百牛冤案" 平反

关于勾股定理的发现一事，有许多说法。目前说法是 "毕达哥拉斯发现勾股定理，在历史上并无确实记载"（梁宗巨，1992）[258]。又如，说 "迄今并没有毕达哥拉斯发现和证明了勾股定理的直接证据"（李文林，2002）[34]。因为外国数学史说是他发现的，并称为 "毕达哥拉斯定理"。

这里不作考证，但对中外许多数学史书上说，毕达哥拉斯发现勾股定理后 "曾对神献了一百头牛"（斯特洛伊克，1956）[31]；数学家波尔纳（Boerne）也说毕达哥拉斯发现了勾股定理后 "曾举办了一次盛大的牛祭"（莫里兹，1990）[101]。

在中国的数学史书中也多有此说。

关于毕达哥拉斯学派宰杀百牛祭神问题，梁宗巨在《数学历史典故》（1992）[258]上考证得十分明白，现摘录该书有关内容：公元前 2 世纪，希腊一位学者阿波罗多罗斯（Apollodorus，公元前 140 年前后）曾用诗句写了一本《希腊编年史》，其中提到 "毕达哥拉斯为了庆祝他发现了那个著名定理，宰牛来作祭神的牺牲。但没有指明是哪一个定理"。可是，后来历代一些数学家、数学史家都根据阿波罗多罗斯的话去推断，几乎都倾向是勾股定理。于是有人便冠以毕达哥拉斯之名，一直沿用至今。

后来的希腊传记作家普鲁塔克援引阿波罗多罗斯的诗句时，曾提出疑问："为它宰了牛的那个定理，究竟是勾股定理，还是关于面积的贴合？"不止普鲁塔克提出怀疑，在他之前的罗马政治家和作家西塞罗（M. T. Cicero，公元前 106～前 43）也引过同样的内容，但不相信宰牛的事，"因为毕达哥拉斯是主张素食，禁止杀生的"。

因此，毕达哥拉斯学派为庆祝发现惊奇若狂，宰杀百牛举行大祭，以谢智慧神缪斯（Musos）的默示，与毕氏学派奉行素食相悖，这又是数学史上的一个乌龙。

7.10 所谓中国之定理

我国清代著名数学家、翻译家李善兰（1811～1882）和英国伟烈亚力（Alexander Wylie，1815～1887）曾合作译完《几何原本》后九卷，他们两人成了好朋友。当李善兰在翻译很多西方数学传入中国一段时间之后，又开始数学研究，主要在数论方面，他是中国数学家研究数论第一人。

李善兰对于费马1640年提出的费马小定理是知道的，即"如果n是素数，a与n互素，则$a^n - a$可以被n整除"。当$a = 2$时的特殊形式，即若n是素数，则n可以整除$2^n - 2$。反过来成立吗？

费马小定理的逆命题是：若n整除$2^n - 2$，则n是素数。1830年，一位不愿意公布姓名[①]的德国人宣称，费马小定理的逆命题不成立。他作了证明：设$n = 341$，则

$$2^{341} - 2 = 2 \ (2^{340} - 1) = [\ (2^{10})^{34} - 1^{34}] = 2 \ (2^{10} - 1) \ (\cdots)$$
$$= 2 \cdot 1023 \ (\cdots) = 2 \cdot 3 \cdot 341 \ (\cdots)$$

所以，341整除$2^{341} - 2$，但$n = 341 = 11 \times 31$就不是素数，而n是一个合数（这个合数今称为伪素数）。

当时，关于费马小定理之逆定理的真实性，李善兰并没有写过论文。

可是，他的朋友伟烈亚力不知为什么，却把费马定理逆定理称为"中国定理"进行宣传。他把它译成英文，于1869年5月10日给香港的英文杂志《有关中国和日本的札记和问答》写了一封信介绍李善兰得到了一个定理。该杂志刊登这个问题时被正式公开冠以"中国定理"这一名称，得到流传。这是数学史上的失误。

几年后的1872年，李善兰在艾约瑟编辑的《中西闻见录》第二、三、四期连续发表了"考数根法"（即素数的判定定理。"数根"即素数）。这是中国数学史上首篇素数论的专题研究，后来又有好几种期刊转载了这篇论文。该论文根本不是所谓"中国定理"，只是"李善兰知道费马小定理的逆定理不真"（李迪，2004）[491,492]。

世间难料之事时有发生，没有得到纠正的"中国定理"之失误又死灰复燃。如20多年后的1897年《数学通信者》杂志第27期上发表了一位大学生琼斯的一篇论文，在该短文的附注中他令人惊讶和奇怪地说：威妥玛爵士的一篇论文认为，在孔子时代（公元前551～前479）中国人就知道能整除$2^{n-1} - 1$的n必为素数，即费马小定理逆定理成立。这位老外也许不懂中国历史朝代，把误传的清代李善兰当成孔子时代了。

后来，美国著名数学史家迪克森（L. E. Dickson，1874～1954）的名著《数学史》第一卷上首先援引了琼斯的这个观点，从此流传开来。

1973年美国数学协会出版的《多尔恰尼数学介绍性著作》丛书中，由滑铁卢大学的洪斯贝格尔撰写书时，在"一个古老的中国定理"中，以讹传讹地又

①　当时科技水平不高，人们研究的成果不很成熟，因此，不愿将自己认为不成熟的成果用实名公布于世，当然，也可能有意留下悬念

说中国人在 2500 年前曾经对 n 的许多值检验过这个"逆定理"成立。近现代西方许多数学科普书籍中也有类似传说。

我国 20 世纪 80 年代有一本数学科普作品中也附和地说："若 2^n-2 是 n 的倍数，则 n 是素数"，也断定这个错误定理是古代中国发现的。

著名的英国科学史家李约瑟（J. Needham，1900～1995）在他的名著《中国科学技术史》第 3 卷中，对所谓"中国定理"之谜进行了细致确凿的考证，结果发现谬误的根源在于琼斯等的观点是因西方汉学家对于中国古代名著《九章算术》的错误理解所致。李约瑟指出：西方早期的汉学家搞不清《九章算术》成书时间（公元前 1 世纪），把中国一些古代发明笼统地说是在孔子时代。这里，琼斯等误解了《九章算术》方田章中的约分术："可半者半之，不可半者，副置分母、子之数，以少减多，更相减损，求其等也。以等数约之"（这条分数约分法则说：若分子、分母都是偶数，就各取其一半；若分子、分母不全是偶数，就分子、分母中较大的数减去较小的数，不断地辗转相减，以求出最大公约数（等数），然后用等数约简分子、分母）。琼斯等错误地理解这段话是指 $\frac{x^{n-1}-1}{2}$，认为法则中的"数"是指 x^{n-1}。把第一句话误解为以 2 作分母，接着就大谈从大数减去小数，并且把"更相减损"的"更"字解释为"再"字，以适应第二项减去 1，其余的他们就无法翻译了。结果闹出了所谓中国人最早发现"逆定理"成立的谬论。事实上这里的"更相减损"指"辗转相减"即经过许多步骤地连续相减。显然"更"不是副词"再"之意，而是"改变"之意。

7.11 四边形面积公式

印度人知道已知三角形三边 a，b，c，计算三角形面积公式为

$$S_\triangle=\sqrt{p(p-a)(p-b)(p-c)} \tag{7-1}$$

这里 $p=\frac{1}{2}(a+b+c)$。

印度数学家婆罗摩笈多，又叫梵藏（Brahmagupta，598～665 年以后），试图推广得出计算四边形面积公式。在他的名著《婆罗摩修正体系》（628 年）中给出了任意四边形的面积公式：

粗略面积公式：

$$S=\frac{a+c}{2}\cdot\frac{b+d}{2} \tag{7-2}$$

精确面积公式：

$$S=\sqrt{(p-a)(p-b)(p-c)(p-d)} \tag{7-3}$$

这里 a，b，c，d 是四边形的四边，$p=\dfrac{1}{2}(a+b+c+d)$。

我们推测，婆氏公式（7-3）可能是由特例推广得出的，为什么？因为：

（1）婆氏粗、精四边形面积公式（7-2）、（7-3）适用于矩形面积。因为 $a=c$，$b=d$，代入（7-2）式，得 $S=ab$；代入（7-3）式，得

$$S=\sqrt{(p-a)^2\,(p-b)^2}=(p-a)\,(p-b)$$

但因

$$p=\dfrac{1}{2}\,(a+b+c+d)\,=\dfrac{1}{2}\,(2a+2b)\,=a+b$$

所以 $p-a=b>0$，$p-b=a>0$，所以 $S=ab$。

（2）婆氏公式（7-2）、（7-3）也适用于等腰梯形，如图 7-2 所示。事实上，因为两腰 $a=c$，所以

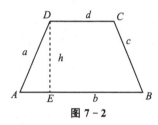

图 7-2

$$S=\sqrt{(p-a)^2\,(p-b)\,(p-d)}$$
$$=(p-a)\sqrt{(p-b)\,(p-d)}$$
$$=(p-a)\sqrt{\dfrac{a+c+d-b}{2}\cdot\dfrac{a+c+b-d}{2}}$$
$$=\dfrac{p-a}{2}\sqrt{(a+c)^2-(d-b)^2}$$
$$=(p-a)\,\sqrt{\left(\dfrac{a+c}{2}\right)^2-\left(\dfrac{d-b}{2}\right)^2}$$

在 Rt$\triangle AED$ 中，

$$AE=\dfrac{b-d}{2},\ \dfrac{a+c}{2}=\dfrac{a+a}{2}=a$$
$$h^2=a^2-AE^2=a^2-\left(\dfrac{b-d}{2}\right)^2$$

得

$$h=\sqrt{\left(\dfrac{a+c}{2}\right)^2-\left(\dfrac{d-b}{2}\right)^2}$$

因而

$$S=(p-a)\cdot h=\dfrac{2p-2a}{2}\cdot h=\dfrac{a+b+c+d-a-c}{2}\cdot h=\dfrac{b+d}{2}\cdot h$$

所以公式（7-2）适用于等腰梯形面积。

（3）推广。婆罗摩笈多可能是由特例推广得出一般四边形面积（7-3），显然是错误的。容易说明它不适用于平行四边形面积。

事实上，平行四边形对边 $a=c$，$b=d$，所以

$$S_{\square}=\sqrt{(p-a)^2\,(p-b)^2}$$

$$= (p-a)(p-b)$$

$$=ab \quad (由 \; p=\frac{1}{2}(a+b+c+d) \; 推出)$$

实际上，四边形面积公式（7-3）只适用于圆内接四边形。对于一般四边形面积公式是什么？设任一双对角之和为 2α，则任意四边形的面积公式是

$$S_四=\sqrt{(p-a)(p-b)(p-c)(p-d)-abcd\cos^2\alpha} \qquad (7-4)$$

当且仅当四边形内接于圆时，$\alpha=90°$，最后一项消失，（7-4）变成（7-3）。

故公式（7-4）是在圆内接四边形条件下成立。

当然，关于婆罗摩笈多四边形面积公式（7-3）的前提"圆内接"条件之不明确，可能除上述推测，由特殊的矩形、等腰梯形面积公式推广得出之可能性外，也许还有一种推测，可能是他有意省略"圆内接"三个字，因为他在当时研究的四边形都是内接于圆的。

但是，不管什么推测，创立一个公式时，必须严格地明确公式成立的条件，不得马虎。

最后指出，如果四边形有一边如 $d=0$，则变成三角形，公式（7-4）变成公式（7-1）即"阿基米德公式"（旧称"海伦公式"）。

7.12 球体的体积公式

球体的体积公式，早在公元前 4 世纪就被阿基米德发现，他在《圆柱容球》中说："以球的大圆为底，以球的直径为高的圆柱体，其体积为球体积的 $\frac{3}{2}$。"设球（或大圆）半径为 r，圆柱体体积 $V_柱=$ 底面圆面积×高。用今式表示为

$$V_柱=\pi r^2 \cdot 2r=\frac{3}{2}V_球$$

由此变换得到正确公式为

$$V_球=\frac{2}{3}V_柱=\frac{2}{3}(\pi r^2 \cdot 2r)=\frac{4}{3}\pi r^3$$

而在我国《九章算术》（公元前 1 世纪）中，球的体积公式是由球的直径公式（用今式表示）$d=\sqrt[3]{\frac{16}{9}V_球}$，得

$$V_球=\frac{9}{16}d^3$$

这里 $d=2r$（r 为球半径），则

$$V_球=\frac{9}{16}d^3=\frac{9}{16}(2r)^3=\frac{72}{16}r^3=\frac{9}{2}r^3$$

若取 $\pi = 3$，则

$$V_{球} = \frac{3}{2}\pi r^3,$$

显然与正确球体积公式 $V_{球} = \frac{4}{3}\pi r^3$ 相差为

$$\frac{3}{2}\pi r^3 - \frac{4}{3}\pi r^3 = \frac{1}{6}\pi r^3$$

这就是说，《九章算术》中球体积公式要大 $\frac{1}{6}$，这个误差是很大的。这是数学史上的一个失误。

600 多年后的 5～6 世纪，南北朝数学家祖冲之和他的儿子祖暅（音更 gèng）通过精心研究，才纠正过来，与今一致。

有趣的是，比《九章算术》稍晚，印度数学家大阿耶波多（又叫圣使，Aryabhata，约 476～550），在他的名著《阿耶波多历书》（499 年）记载的球体积公式"球的体积等于大圆面积与其本身的平方根之积"。用今式表示为

$$V_{球} = \pi r^2 \cdot \sqrt{\pi r^2} = \sqrt{\pi}\,\pi r^3 \approx 1.8\pi r^3 \qquad (r \text{ 为球半径})$$

它与正确球体积公式：

$$V_{球} = \frac{4}{3}\pi r^3 \approx 1.3\pi r^3$$

相差

$$\sqrt{\pi}\,\pi r^3 - \frac{4}{3}\pi r^3 \approx 1.8\pi r^3 - 1.3\pi r^3 = 0.5\pi r^3$$

显然，印度人的球体积公式误差也大，也是不宜使用的。

据说，《九章算术》传入印度，印度数学家摩诃毗罗（又叫大雄，Mahāvira，约 856 年）曾未加改正而原封不动地传播了这个错误公式，显然，印度的球体积公式也发生失误。

7.13 无中生有的 $1-1+1-\cdots$

17 世纪以来，有一个无穷级数（数列）

$$1-1+1-1+1-1+\cdots$$

的和是多少？难倒了众多世界级的数学家，他们一时不慎败走麦城的故事，后来成为热烈讨论话题之一。

是谁最早发现这个无穷级数呢？最早是 1696 年瑞士数学家雅各布·伯努利（Jacob Bernoulli，1654～1705），他在一篇论文中作如下推理：

$$\frac{L}{m+n}=\frac{L}{m}\left(1+\frac{n}{m}\right)^{-1}=\frac{L}{m}-\frac{Ln}{m^2}+\frac{Ln^2}{m^3}-\cdots$$

当 $m=n=L$ 时，得到

$$\frac{1}{2}=1-1+1-1+\cdots$$

7 年后的 1703 年，意大利数学家格兰迪（G. Grandi）通过 $\frac{1}{1+x}$ 的级数展开又重新发现这一有趣的悖论级数：

$$\frac{1}{1+x}=1-x+x^2-x^3+\cdots$$

令 $x=1$ 时，得

$$\frac{1}{2}=1-1+1-1+\cdots$$

数学家格兰迪对此结果还作了有趣的解释：“某人遗留给他的两个儿子一块宝石，让他们每人轮流保存一年。这等于每个儿子分得一半。”在当时认识水平不高的时代，这种有趣比喻既不准确又没有揭示其本质，只可供欣赏。

后来，格兰迪把上式改写成：

$$\frac{1}{2}=（1-1）+（1-1）+\cdots=0$$

他并以一个修道士的身份，他的宗教信仰和理念，在当时没有找到科学理论解释和情况下，这位修道士对上式，从右边的 0 到左边的 $\frac{1}{2}$，幽默地写道：“这象征着世界只能从空无一物创造出来的。”于是，“无中生有”成为对这个无穷级数答案之矛盾的代名词。

尽管如此，对这个“有趣悖论级数”的讨论、研究和论证仍没有停止，因为“科学”的本质是求真，在尚未找到令人信服的科学理论依据时，数学家是不会放弃的。

瑞士大数学家欧拉（1707～1783）也遇见过上述 $1-1+1-1+\cdots$ 这个无穷级数求和的问题，他感兴趣地用另一种办法给出证明。他根据级数展开式

$$\frac{1}{1-x}=1+x+x^2+x^3+\cdots$$

令 $x=-1$，得

$$\frac{1}{2}=1-1+1-1+\cdots$$

法国著名数学家傅里叶对这个无穷级数求和问题，采用下面方法给出证明：

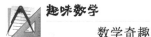

因为

$$S=1-1+1-1+\cdots=1-（1-1+1-1+\cdots）$$

他设括号内无限多项式和为 S，于是有

$$S=1-S$$

于是

$$S=\frac{1}{2}$$

还有一些数学家参加讨论，都无法准确回答 $1-1+1-1+\cdots$ 之和等于多少，有人给出两种计算方法，得到两个不同结果，如无穷数列：

$$1-1+1-1+\cdots=（1-1）+（1-1）+\cdots=0$$
$$1-1+1-1+\cdots=1-（1-1）-（1-1）-\cdots=1$$

还有一些数学家说它等于 $\frac{1}{2}$，为什么呢？除上面所说的理由外，如德国的莱布尼茨（1646～1717）、法国的拉格朗日（1736～1813）等认为

级数第一项	前两项和	前三项和	前四项和	…
1	0	1	0	…

从表中看出第一项以及级数前 n 项和的规律，他们得出，在这无限过程中，出现 1 和 0 的机会是相同的，可见这个无穷级数（数列）的和应取其平均值 1/2，故它的和为 1/2。

一个级数的和出现了三个答案 1/2，0，1，这有悖于当时答案的唯一性的标准，究竟是什么原因造成这个数学史上的失误呢？

一个通俗浅显的回答是，犯了将有限项和的运算性质类比推广到无限项和运算的错误。因为，加法结合律的法则只适用于有限项，而上述级数（数列）是无限项，我们还没有建立无限项之和的加法结合律。因此，"有限"与"无限"有本质差异，而采用有限类比法推出无限的性质，正好是它们的差异性之故。类比法不太可靠，必须要严格证明。

这种说法虽然有道理，但仍缺乏严格的理论基础，答案还不令人满意。

对于数学上的失误（或错误）问题，往往刺激数学家的自尊和灵感，他们将会一代又一代地探索，找到科学答案。这正是数学发展推向更加辉煌、更加灿烂的动力。

1784 年，柏林科学院悬赏征文，题目是"对数学中称之为无限（穷）的概念建立严格的、明确的理论"。为什么呢？因为从 17 世纪开始，数学界急切地寻求新概念、新方法，没有来得及解决微积分出现关于无限（穷）、无穷小、极限等问题的严格理论。像上面出现的 $1-1+1-1+\cdots$ 无穷数列求和的一朵清香

诱人的小花，在有限的王国里人们束手无策，出现了几种不同答案，表明需要寻找无穷级数（数列）求和的理论基础。

18世纪先后出现了一些级数问题的研究成果，人们把无穷级数分为发散级数和收敛级数，逐渐地证明发散级数不能求出无穷级数（数列）之和，收敛级数才可以求和。如1713年莱布尼茨给出一个级数收敛判别定理；1742年，英国的麦克劳林，1754年，法国的达朗贝尔等，都给出了一些级数收敛性的判别法则。

执著追求科学真理的数学家，像马拉松接力赛，前赴后继经过100多年的研究、争论，到了19世纪，才把问题彻底搞清，建立了无穷级数的理论基础。亦即使人们明白，"无中生有"的上述种种答案（含所谓证明）都是错误的，无穷项的和与有限项的和是有本质不同的，理论上已证明，无穷发散级数的和不存在（不存在极限），只有无穷收敛级数的和存在（存在极限），因此，$1-1+1-1+\cdots$不是收敛数列。没有极限，不是代数和，所以它的和不存在。

7.14 化圆为方的作图

公元前5世纪，古希腊的"诡辩学派"或称为"哲人学派"提出历史上著名的几何三大作图问题：化圆为方、三等分角和倍立方。本节先讲化圆为方问题，下节介绍三等分角问题。

对于化圆为方，即作一正方形使其面积等于一已知圆。今已证明，限制用无刻度的直尺和圆规（简称尺规）是不能作出来的。可是，在历史上许多人曾呕心沥血用尺规作化圆为方的图形，结果以失败而告终。

下面选介历史上这个问题最早的失误。

(1) 希波克拉底的作法。毕达哥拉斯学派成员希波克拉底（Hippocrates of chios，公元前460年前后）曾解决了化月形（圆的部分）为方的一种情形，称为"月牙形定理"："以直角三角形各边为直径所作的三个半圆，求证直角三角形边上两个阴影月形面积之和，等于直角三角形的面积。"如图7-3所示。

证明很简单，设直角三角形两直角边为a，b，斜边为c，两个阴影月牙形面积为S_1，S_2，三角形面积为S，则

$$S_1+S_2=\frac{1}{2}\pi\left(\frac{a}{2}\right)^2+\frac{1}{2}\pi\left(\frac{b}{2}\right)^2=\frac{1}{2}\pi\left(\frac{c}{2}\right)^2=S$$

因为$a^2+b^2=c^2$，所以$S_1+S_2=S$。

将此月牙形定理应用于正方形，可得圆内接正方形边上两个月形面积之和

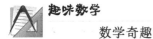

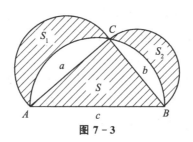

图 7 - 3

等于该正方形面积之半。这是圆（月形）化为方的特例。当时人们错误认为化圆为方十分容易，想当然地将此性质推广到圆内接"正六边形上月形面积之和等于正六边形的面积之半"（错误的。证明略）进而应用这个错误引出"圆可化为方"的错误结论。

希波克拉底出生于希腊俄斯，活动于雅典。他在研究"化圆为方"问题时，提出定理的推广虽然是错误的，但解决月形问题中所使用的方法和表现出的几何证法技巧将为人称道，并将此题流传在中学几何课内外读物中，成为世界名题之一。

希波克拉底早年经商，曾经历一场浩劫，不幸落入海盗之手，财产丧失殆尽。为了破案，也为了诉讼和查访，他在雅典度过漫长时间。他是一位勤奋好学者，常到学校听课，自学成才，在几何学、天文学上有所贡献。

（2）画家达·芬奇的作法。意大利著名画家达·芬奇（L. Davinci，1452～1519），具有不可思议的天赋，在绘画、语言学、音乐、建筑、动植物学、地质方面都有贡献，而且是数学家、力学家和工程师。他在讲数学的地位和作用时说："在科学中，凡是用不上任何一种数学的地方，凡是和数学没有联系的地方，都是不可靠的。"这两个"凡是"道出了数学的重要性。

达·芬奇曾探索出立体几何关于正六面体、圆柱体、球体面积之间关系的规律。达·芬奇，也曾拿起尺规尝试解决古代化圆为方的问题。

达·芬奇的作图方法很有趣，他先动手做一个圆柱体，这个圆柱体的高恰好等于底面半径的一半，底面那个圆的面积是 πr^2，如图 7 - 4 所示。

图 7 - 4

然后将这个圆柱体在纸上滚动一周，得到一个矩形。这个矩形的长是 $2\pi r$，宽是 $\frac{1}{2}r$，则面积是 $2\pi r \cdot \frac{1}{2}r = \pi r^2$，正好等于圆柱体底面圆的面积。

经过上述步骤，达·芬奇已经将圆"化"为一个矩形。接下来，他再将这

个矩形改画为 一个与它面积相等的正方形，最后达到"化圆为方"。

达·芬奇解决了化圆为方的问题吗？没有。他失误了，因他除使用尺规外，还让一个圆柱体在纸上滚动，在尺规作图法中，这是一个"犯规"动作。

数学史上三大作图，看上去那么容易，做起来却很难，因而吸引了不少人。有人发现，在西方数学史上，几乎每一个称得上是数学家的人，都曾被化圆为方问题吸引过，年复一年，大量的论文像雪片似地飞向各个科学院，给科学院正常工作造成麻烦。1775 年，巴黎科学院干脆宣布，不再审读有关化圆为方的论文。

然而，禁令没有起作用，她仍像有着魔力般地吸引着成千上万的人。到 1837 年，法国的万泽尔，和 1882 年德国的林德曼证明了用尺规作化圆为方等三大作图是不可能的。尤其是 1895 年德国 F. 克莱因出版《几何三大作图》一书，给出了非尺规作图的简洁证明，彻底解决了三大作图问题，换句话说，不限制尺规工具，用其他方法可以作出。

7.15 "三等分角"犯规了

"任意给一个角，求作一个角等于它的 $\frac{1}{3}$。"换句话说，将任意一角三等分，简称为"三等分角"问题。像化圆为方问题一样，数学史不少人（就是今天也有个别人）不假思索地拿起尺规，企图作出，一夜扬名，他们日升日落，月弯月圆，殚思极虑，磨秃了一支又一支的笔，都以失误（败）而告终，他们这时才省悟到已经陷入了一座数学迷宫。下面就来介绍公元前 3 世纪古希腊阿基米德"三等分角"犯规和失误的史实。

阿基米德用以下方面作三等分任意角∠AOB，如图 7 - 5 所示。

（1）预先在直尺 MC 上记一点 N，令直尺的一个端点为 M（实际上在直线上任取两点 M，N）。对于任意画的一个角 AOB，以这个角的顶点 O 为圆心，以 MN 的长度为半径画圆，使这个圆与角的两边相交于 A、C 两点。

（2）移动直尺 MC，使 M 点在 AO 的延长线上移动，使 N 点沿弧 $\overset{\frown}{DC}$ 向 C 移动。当直尺正好通过 C 点时停止移动（实质是使 M，N，C 三点在一直线上）。

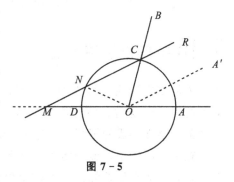

图 7 - 5

（3）将 M，N，C 三点连接起来，作射线 $OA' /\!/$ 直线 MC，则

$$\angle OMN = \angle A'OA = \frac{1}{3}\angle AOB$$

阿基米德作好图后，还进行证明，如图 7-5 所示。

证明　连接 O，N，在 $\triangle OMN$ 中，$ON = MN$，所以 $\angle NOM = \angle OMN$。

在 $\triangle NOC$ 中，因为 $ON = OC$，所以 $\angle OCN = \angle ONC$。因为 $\angle ONC$ 是 $\triangle ONM$ 的外角，所以

$$\angle ONC = \angle NOM + \angle OMN = 2\angle OMN$$

即 $\angle OCN = 2\angle OMN$。

因为 $\angle AOB$ 是 $\triangle OCM$ 的外角，所以

$$\angle AOB = \angle OCN + \angle OMC = 2\angle OMN + \angle OMC = 3\angle OMC$$

所以 $\angle OMC = \frac{1}{3}\angle AOB$。又因为 $OA' /\!/ MC$，所以

$$\angle AOA' = \frac{1}{3}\angle AOB$$

阿基米德的证明是正确的，但问题是出在作图限制的工具上犯规了。

理由是他在直尺 MC 上预先作了一个记号 N，使直尺实际上起到了刻度的功能，这是他的一个犯规动作，违背不能用有刻度的直尺作图。所以，他的三等分角作图失败了。

不仅阿基米德失败了（当时他是不知道的），后来的无数数学家企图解决三等分角也失败了。

直到 1837 年，法国数学家旺策尔（P. L. Wantzel，1814～1848）独具匠心，巧妙地利用解析几何知识，第一个证明了三等分角不能用尺规作图，率先走出了这座困扰了无数人的数学迷宫，了结了这桩长达几千年的数学悬案。

其实，几何三大尺规作图均不成立，人类的智慧最终获得了胜利。

7.16 错误冠名沿用至今

人们在生活或在科学中，一开始形成的东西，一旦养成习惯，变成惯性。好的习惯一生受益，坏的习惯贻害终身，因为历史惯性的力量是多么的强大，要冲破由惯性形成的规则，又是多么的艰难。

在数学历史中，最初错用发现者的名字，或阴差阳错，或张冠李戴，时间久了，就变成众所熟知的东西，要想纠正过来，就不容易了。下面举一组由于错误冠名，以讹传讹，一直沿用至今的数学定理、法则、公式等的错误名称，进行揭示，并望改正。

1. 所谓杨辉三角形

我国南宋数学家杨辉（13 世纪）著《详解九章算法》（1261 年）一书中，录出了关于 $(a+b)^n$ 二项式展开系数排列图形，用今数码表示如图 7-6 所示。后来，我国数学书刊称此图为"杨辉三角形"，认为是杨辉发现的。这是一个失误。其实，不是杨辉发现的，最早是北宋数学家贾宪（11 世纪）发现的。理由是，杨辉在录书中说，这个方法"出《释锁》算书，贾宪用此术"。贾宪《释锁》一书写于 1057 年以前，书中他总结《九章算术》以来开方程序，提出"立成释锁法"（"立成"指算表的通称。"释锁"指开方或解数字方程的代名词），亦即借助一张数表进行开方的方法。这个方法就是他列出 $(a+b)^n$ 中，n 从 0 到 6 次的二项式 $(a+b)^n$ 展开的系数表，作成"开方作法本源图"，此图即为图 7-6。中学代数课本长期叫"杨辉三角形"，这是不正确的。事实上是贾宪最早发明的，且杨辉声明过是其抄录保存下来的。

阿拉伯数学家阿尔·卡西在《算术之钥》（1427 年）也出现与贾宪完全相同的，但比贾宪晚 370 多年。

在欧洲，这个问题人称"帕斯卡三角形"，其实，德国数学家阿皮雅努斯（P. Apianus，1495～1552）在

```
              1
             1 1
            1 2 1
          1 3 3 1
        1 4 6 4 1
      1 5 10 10 5 1
   1 6 15 20 15 6 1
```
图 7-6

1527 年出版的算术封面上早刻有此图，而法国的帕斯卡（B. Pascal，1623～1662）在 1654 年才发表这个结果，比中国贾宪晚五六百年。故从发现时间也可确定此三角形应叫"贾宪三角形"。

2. 韦达定理的真伪

定理 1 设一元二次方程 $ax^2+bx+c=0$ $(a\neq0)$ 的根为 x_1 和 x_2，则

$$\begin{cases} x_1+x_2=-\dfrac{b}{a} \\ x_1 \cdot x_2=\dfrac{c}{a} \end{cases}$$

长期以来，我国教材或课外书刊称定理 1 为"韦达定理"，说是法国数学家韦达（1540～1603）发现的，其实这是数学史上一个失误。直到 20 世纪 70 年代我国教材才改正过来，叫"一元二次方程根与系数的关系"。为什么呢？因为在数学史上这类定理有 4 个。除定理 1 外，还有

定理 2 一元三次方程 $x^3+px^2+qx+r=0$ 的三个根是 x_1，x_2 和 x_3，则

$$\begin{cases} x_1 + x_2 + x_3 = -p \\ x_1 x_2 + x_1 x_3 + x_2 x_3 = 9 \\ x_1 x_2 x_3 = -r \end{cases}$$

定理 3 一元 n 次方程 $x^n + p_1 x^{n-1} + p_2 x^{n-2} + \cdots + p_n = 0$ 的 n 个正根为 x_1，x_2，$\cdots$，x_n，则

$$\begin{cases} x_1 + x_2 + \cdots + x_n = -p_1 \\ x_1 x_2 + x_1 x_3 + \cdots + x_{n-1} x_n = p_2 \\ \cdots\cdots \\ x_1 x_2 \cdots x_n = (-1)^n p_n \end{cases}$$

定理 4 仅把定理 3 中唯一的一个"正"字去掉。

从数学史书看到，定理 2 是意大利数学家卡尔达诺《大术》一书记载的，未说定理 1 是韦达发现的。定理 3 是韦达于 1615 年出版《论方程的识别与订正》一书中，讨论了上面定理 1、2、3，但他只承认正根，对定理 3 未给出证明。定理 4 是基拉德 1629 年出版的《代数新发现》一书中，把定理 3 中的"正"字删掉，这时韦达已去世 26 年了。

因此，从上述定理出现时间排序看，定理 1 的问世显然会远远地在定理 2 之前，退一步说，纵使定理 1、2 同时诞生，韦达这时才 4 岁。

所以，定理 1 绝不是韦达发现的，故不能叫"韦达定理"。究竟是谁发现定理 1，已无法追溯，至今是个谜。当然，因错名已久，已成"约定俗成"无法改口了。至今仍有书刊为了简便仍称一元二次方程根与系数的关系为"韦达定理"，但读者应知晓，它非韦达发现。

3. 中国的剩余定理

《孙子算经》（公元 4 世纪）卷下第 26 题有一个"物不知数"题："今有物不知数，三三数之剩二，五五数之剩三，七七数之剩二，问物几何？答曰：二十三"（用今天数学语言说："有个数，用 3 除余 2；用 5 除余 3；用 7 除余 2。问这个数是多少？"）。这是中外著名的"孙子定理"。民间有许多称呼如"秦王暗点兵"、"鬼谷算"等。南宋数学家秦九韶（1208～约 1267）著《数书九章》（1247 年）中，用"大衍求一术"为名目，专门对它作了从理论到方法上的探讨，给出了漂亮的解决，其解法为世界一流学术水平。

"物不知数"题流传国外，如意大利数学家斐波那契在其著作《算盘书》（1220 年）中引用了该题。到了 18 世纪初，"物不知数"题辗转到了欧洲。数学王子高斯对一次同余式组进行研究，并在其著作《算术研究》（1801 年）中给出了它的一般性解法，并命名为"高斯定理"。后经来华传教士英国数学家

伟烈亚力（Alexander Wylie，1815~1887）将"物不知数"的解法和秦九韶创造的"大衍求一术"算法，再度介绍到欧洲，1874年德国科学史家马蒂生（1830~1906）在其著作中公开指出高斯解法符合"大衍求一术"，并赞扬了这一方法的发现人——中国数学家是"最幸运的天才"。从此，欧洲许多人才知道中国很早便有了这个伟大的发现，并且在数学史中，欧洲人才将"高斯定理"改为"中国剩余定理"，承认是秦九韶最早发现的，纠正了这一历史上的失误。

4. 九点共圆之名称

任意三角形三条高的垂足、三边的中点以及垂心（三高交点）与顶点的三条连线的中点，这九点恰好在同一个圆的圆周上，这个圆通常称为三角形的九点圆或叫"九点共圆"，简称"九点圆"。这是三角形的现代几何中最精巧的定理之一。

"九点圆"在数学史上有各种不同的称呼，都以提出或证明人的姓氏来命名，其中也出现了失误，如

有人叫"欧拉圆"，说是瑞士数学家欧拉（1707~1783）在1765年的一篇文章中证明的"垂足三角形和中点三角形有同一个外接圆"。事实上，欧拉证明的是六点共圆，简称为"六点圆"，并不是"九点圆"。因此这个称呼是错误的。

有资料说，最早提出九点圆的是英国培亚敏·俾凡（Benjamin Beven）于1804年在雷榜《算理之库》卷一第十八章中正式提出"九点圆"问题。又说是布德卫斯与韦唐在该书148页给出了证明。

又有资料说，1821年格盖尼（1771~1859）和法国彭赛列（J. V. Poncelet，1788~1867）先后正式发表这一问题。"三角形的九点圆"名称是彭赛列命名的，并说彭赛列是第一个给出完整的证明。

又有资料说，在1820~1821年，法国数学家热尔岗（J. D. Gergonn，1771~1859）也发现这个问题。

1822年一位德国高中教师费尔巴哈（K. W. Feuerbach，1800~1834）出版的一个小册子里，在《直角三角形的一些特殊点的性质》里发表了他的证法，以及九点圆的一些重要性质（如三角形的九点圆与三角形的内切圆，三个旁切圆均相切，称之为"费尔巴哈定理"）。并且称九点圆为"费尔巴哈圆"。

1827年维兹在《哲学杂志》发表了一篇论文，对九点圆进行了比较详细的论述。

我们认为，"欧拉圆"的称呼是错误的，这也是数学史上一个失误。

由于世界上有许多数学家都在相差不大的时间里，先后发现、证明"九点

圆"，如从我们上述的时间排序来看，英国培亚敏·俾凡于 1804 年较早发现，其次是格盖尼和彭赛列、热尔岗和费尔巴哈等，差不多在 1822 年前后发现。但因资料有限，是否遗漏最早发现者，因此，目前较难肯定最早发现者。因此，以发现者人名命名如"费尔巴哈圆"或其他人名命名是不合适的，故称为"九点圆"为好。

5. 所谓洛必达法则

法国骑兵大尉、侯爵洛必达（L'Hospital，1661～1704）是著名的瑞士数学家约翰·伯努利（J. Bernoulli，1667～1748）的学生。洛必达聪颖早慧，15 岁就解出数学家帕斯卡提出的摆线难题。由于视力不佳，放弃从军（因为当时男青年从军是荣耀和时尚），钻研数学，结交了许多著名数学家，在长期与数学家通信中萌发了许多新思想，解决了一些新问题，遗憾的是他英年早逝，只活了43 岁。

1696 年，洛必达出版了杰著《阐明曲线的无穷小分析》，该书是当时世界上第一本系统的微积分学教科书。在该书第 9 章记载了他的老师约翰·伯努利两年前（1894 年）写信告诉他的一个著名定理"求一分式，当分子和分母都趋于零时的极限法则"（指极限 $\frac{0}{0}$ 型的求法）。后人误认为是他发现的，故以他的名字称为"洛必达法则"，如 20 世纪的数学分析教材有此称谓。这其实也可算是数学史上的一个失误。

6. 佩尔方程之真伪

英国数学家佩尔（J. Pell，1610～1685）在代数方面曾系统地研究了丢番图的不定方程。他提出了形如 $x^2 - Dy^2 = 1$ 的方程，他误将此方程的解仅归为整数。事实上，当 $D<0$ 或 D 是一个完全平方数时，只有整数解 $x = \pm 1$，$y = 0$；但 D 不是任一正整数的平方时，有无穷多个整数解。

最早希腊人和印度人都对这个方程有所研究，后来的法国费马、英国的沃利斯（J. Wallis，1616～1703）、布龙克尔（Bruncker，1620～1684）、欧拉、拉格朗日等都曾研究过。是欧拉误称为"佩尔方程"。事实上，这个方程是 1637 年由费马完全解决，应叫不定方程。

7.17 费马素数之公式

前面已讲过，法国数学家费马，1640 年前后提出一个素数公式：

$$F_n = 2^{2^n} + 1$$

当 $n = 0$，1，2，3，4 时的值：

$$F_0 = 3, \quad F_1 = 2^{2^1} + 1 = 5, \quad F_2 = 2^{2^2} + 1 = 2^4 + 1 = 17$$

$$F_3 = 2^{2^3} + 1 = 257, \quad F_4 = 2^{2^4} + 1 = 65537$$

均是素数，于是他断言：对于任何非负整数 n，表达式 $F_n = 2^{2^n} + 1$ 均给出素数。他认为这是素数公式。

约 100 年后的 1732 年，被数学大师欧拉举出一个反例 $F_5 = 2^{2^5} + 1 = 641 \times 6700417$ 不是素数，从而推翻上述费马的猜想。这是费马的一个失误。

7.18 梅森之素数猜想

前面已介绍了梅森素数，法国修道士梅森（M. Mersenne）于 1644 年宣布：$M_p = 2^p - 1$ 型的数，当 $p = 2$，3，5，7，13，31，67，127，257 时，M_p 都是素数，人们称为"梅森素数猜想"。

这是一个历史上的失误，因为 259 年后的 1903 年，美国数学家科尔（Coll）花了三年中的全部星期天，举出 $n = 67$ 时，$M_{67} = 2^{67} - 1$ 不是素数。从而纠正了梅森的失误。

7.19 哥德巴赫另外猜想

哥德巴赫于 1742 年，发现了"哥德巴赫猜想"而闻名于世，其真伪性至今没有完全解决。

其实，他还提出过另外一个猜想，大于 1 的奇数可表示为素数与一个完全平方数的 2 倍之和。如

$$3 = 3 + 2 \times 0^2, \, 5 = 3 + 2 \times 1^2, \, 11 = 3 + 2 \times 2^2, \, 23 = 5 + 2 \times 3^2, \, \cdots$$

这个猜想是错误的。因为美国奥克兰大学的马尔姆（G. D. Malm）发现，小于 5777 的奇数都满足猜想，但 5777 和 5999 两个奇数不满足猜想，于是用反例推翻了这个猜想。

7.20 公式错了二百年

你相信吗？在数学大师或学子眼前多次出现的一个简单的定积分公式

$$\int_0^1 \frac{1}{\ln|\ln x|} \mathrm{d}x = 0$$

这个公式竟是一个错了近 200 年的定积分公式。为什么呢？

因为，这个公式最早出现在意大利数学家马斯卡洛尼（L. Mascheroni，1750～1800）于 1790 年在美国出版的微积分数学书中。

马斯卡洛尼还在只用圆规作几何图形方面很有成就。他认为这种作图法比直尺作图法更有价值，于 1797 年出版了《圆周几何》一书，列举与论述了单用圆规作图的许多几何问题，至今仍有人研究这个问题。

关于上述定积分公式，据《甘肃日报》1988 年 7 月报道：约 200 年后的 1988 年，日本大阪大学教养部的斋藤基彦教授发现。根据函数的图像，他发现该公式答案并不等于 0；他又通过对公式的复形，发现这个公式的答案应为负数。他用电子计算机计算的结果，答案应为 −0.15447…。

所以，这个错误公式，近 200 年来一直被人们盲目地引用，谁也没有发现它的错误。

8 考你的辨析能力

先讲一个故事。

德国植物学家格贝里，在植物的分类上成就很大，同时又是业余绘画爱好者。有一次，他去探望一位当画家的朋友，画家说："您来得正好，快给我的一幅新画提意见吧。"

格贝里一看，就知道画是取材于《圣经》，描写亚当和夏娃在伊甸园偷吃禁果被上帝逐出园子的故事。格贝里是个非常细致、严谨的科学家，他细细观察，夏娃手里拿的苹果。

他沉吟一会儿，对画家说："苹果画得不对！"

"怎么不对？"

格贝里说："夏娃给亚当的那只苹果的品种，不是当时品种。"随后，他讲解了苹果的栽培史，以及新品种的特征。画家听后，说："你真是个细致的人，辨析能力很强。你发现了许多植物新品种，真不是偶然与虚传啊！"

科学求真，艺术是生活的镜子。不真实的东西外表上同真实的一样，真实的又同不真实的相像。错综复杂的宇宙万物就是这个样子。因此，必须仔细地分析端详。

在数学上，错误（较少）与正确同存，特别是在解答数学题时较突出。因此，我们应有细致、辨析能力。正如 1864 年，数学家维奥拉（J. Viola）在著作中说："发现谬误并纠正谬误，对于那些不是初学数学的人来说是一种极好的检测手段，它可以检验你是否已经正确而深入地了解了数学的真谛，还可以锻炼你的智力，并将你的判断和推理严格地约束在一种顺序之中。"

本章选介一些我们在教学中遇到与加工整理的数学题解答过程中的谬误，也许在你身边就有。为了简明，仅以初中数学为例，但发生错误之根源一致——数学概念（定义、法则或定理等）理解不深透、不牢固，或者对题中隐含条件不注意。

8.1 代数方面的问题

我们均选用范例说明。

1. 代数式

例 8 - 1 a 为何值时，代数式 $\dfrac{\sqrt{(-a^2)^2}-9}{\sqrt{a^2-3a-1}}$ 的值为零。

解法 1 因为 $\sqrt{(-a^2)^2}-9=-a^2-9<0$，故不论 a 取何值，代数式 $\dfrac{\sqrt{(-a^2)^2}-9}{\sqrt{a^2-3a-1}}$ 都不等于 0。

解法 2 由 $a^2-9=0$，$a=\pm 3$，可知 $a=\pm 3$ 时，所说代数式的值为零。

辨析 解法 1 是由于算术根的概念不清；解法 2 是由于没有检查分母的值是否有意义，因为，当 $a=3$ 时，$a^2-3a-1=-1<0$，$\sqrt{a^2-3a-1}$ 无意义。

正解解法 因

$$\sqrt{(-a^2)^2}-9=\mid -a^2 \mid -9=a^2-9$$

故当 $a^2-9=0$ 时，即 $a=\pm 3$，但当 $a=3$ 时，$a^2-3a-1=-1<0$，$\sqrt{a^2-3a-1}$ 无意义，故 $a=3$ 舍去，

当 $a=-3$ 时，$a^2-3a-1=17>0$，原分式分母有意义。

所以，当 $a=-3$ 时，代数式 $\dfrac{\sqrt{(-a^2)^2}-9}{\sqrt{a^2-3a-1}}$ 之值为零。

例 8 - 2 若 $x=\dfrac{a}{b+c}=\dfrac{b}{c+a}=\dfrac{c}{a+b}$，求 x 的值。

解 由等比定理，得

$$x=\frac{a+b+c}{(b+c)+(c+a)+(a+b)}=\frac{a+b+c}{2(a+b+c)}=\frac{1}{2}$$

辨析 应用等比定理解题时，只适用于分母 $2(a+b+c)\neq 0$，即 $a+b+c\neq 0$。但此题中 $a+b+c=0$ 的情形是可能发生的，所以，解法是错误的。原因是考虑不周产生的。

正确解法 当 $a+b+c\neq 0$ 时，由等比定理得

$$x=\frac{a+b+c}{(b+c)+(c+a)+(a+b)}=\frac{a+b+c}{2(a+b+c)}=\frac{1}{2}$$

当 $a+b+c=0$ 时，因为

$$b+c=-a,\quad c+a=-b,\quad a+b=-c$$

故 $x=\dfrac{a}{b+c}=\dfrac{a}{-a}=-1$。

例 8 - 3 解不等式 $\dfrac{3x-1}{x-2}<1$。

解 两边同乘以 $x-2$，得 $3x-1<x-2$，所以 $2x<-1$，所以 $x<-\dfrac{1}{2}$。

辨析 这是套用一元一次方程，类比在一元一次不等式上，不考虑 $x-2$ 是正或负，两边同乘以 $x-1$ 所产生的错误。

正确解法 原不等式化为 $\dfrac{3x-1}{x-2}-1<0$，所以 $\dfrac{3x-1-(x-2)}{x-2}<0$，所以 $\dfrac{2x+1}{x-2}<0$。

解 $\begin{cases}2x+1>0,\\x-2<0\end{cases}$ 与 $\begin{cases}2x+1<0,\\x-2>0,\end{cases}$ 得 $-\dfrac{1}{2}<x<0$，后者无解。

所以原不等式的解为 $-\dfrac{1}{2}<x<2$。

2. 根式

例 8 - 4 化 $\sqrt{2ab}$，$\sqrt[3]{-9ab^2}$ $(a>0)$ 为同次根式。

解
$$\sqrt{2ab}=\sqrt[6]{(2ab)^3}=\sqrt[6]{8a^3b^3}$$
$$\sqrt[3]{-9ab^2}=\sqrt[6]{(-9ab^2)^2}=\sqrt[6]{81a^2b^4}$$

辨析 忽视根式性质 $\sqrt[n]{a^m}=\sqrt[np]{a^{mp}}$（$p$ 为偶数）成立的条件而产生的错误，当 $a\geq0$ 时，由题意知 $-9ab^2<0$。

正确解法
$$\sqrt{2ab}=\sqrt[6]{8a^3b^3}$$
$$\sqrt[3]{-9ab^2}=-\sqrt[3]{9ab^2}=-\sqrt[6]{81a^2b^4}$$

例 8 - 5 下面两题的答案都是正确的，但有一题的解法是错误的，请你辨析真伪，说出理由。

化简 (1) $\dfrac{a-b}{\sqrt{a}-\sqrt{b}}$；　　　(2) $\dfrac{a-b}{\sqrt{a}+\sqrt{b}}$。

解 (1) 原式 $=\dfrac{(a-b)(\sqrt{a}+\sqrt{b})}{(\sqrt{a}-\sqrt{b})(\sqrt{a}+\sqrt{b})}$　　　（分子、分母同乘以 $\sqrt{a}+\sqrt{b}$）

$$=\dfrac{(a-b)(\sqrt{a}+\sqrt{b})}{a-b}$$

$$=\sqrt{a}+\sqrt{b}$$

(2) 原式 $=\dfrac{(a-b)(\sqrt{a}-\sqrt{b})}{(\sqrt{a}+\sqrt{b})(\sqrt{a}-\sqrt{b})}$　　　（分子、分母同乘以 $\sqrt{a}-\sqrt{b}$）

$$= \frac{(a-b)\ (\sqrt{a}-\sqrt{b})}{a-b}$$

$$= \sqrt{a}-\sqrt{b}$$

辨析 答案正确，解法错误，在解数学题中是时有发生的。但是，概念不清，形同实非，掺杂一起，鱼目混珠，如不细心，有时还会使你真假难辨。这里，第1题的解法、答案正确，但第2题答案正确，解法是错误的。错在不该用 $\sqrt{a}-\sqrt{b}$ 去乘分子分母，因为 $\sqrt{a}-\sqrt{b}$ 可能为零。而第1题 $\sqrt{a}+\sqrt{b}$ 不会为0，否则题目不成立。

正确解法 （第2题） 将 $a-b$ 变成 $(\sqrt{a}+\sqrt{b})\ (\sqrt{a}-\sqrt{b})$，

$$原式 = \frac{(\sqrt{a}+\sqrt{b})\ (\sqrt{a}-\sqrt{b})}{\sqrt{a}+\sqrt{b}} = \sqrt{a}-\sqrt{b}$$

例 8-6 已知最简根式

$$\sqrt[15-m]{2m-1} \text{ 和 } \sqrt[m^2+m]{3m+2}$$

是同次根式，求 m。

解 由同次根式意义知，$m^2+m=15-m$，解之，得 $m_1=3$，$m_2=-5$。

辨析 当 $m=-5$ 时，两根式为偶次方根，被开方数应为非负数，但此时 $3m+2$，$2m-1$ 均小于0。因此，上述错误解法，违背了 n 为偶数时，$\sqrt[n]{a}$ 中，$a \geqslant 0$ 的条件。故要对 m 加以检验。

正确解法 由题意 $m^2+m=15-m$ 解之得

$$m_1=3, \qquad m_2=-5 （舍去）$$

所以 $m=3$。

例 8-7 计算 $\sqrt[3]{\sqrt{3}-2} \cdot \sqrt[6]{7+4\sqrt{3}}$。

解
$$原式 = \sqrt[6]{(\sqrt{3}-2)^2} \cdot \sqrt[6]{7+4\sqrt{3}}$$
$$= \sqrt[6]{(\sqrt{3}-2)^2\ (7+4\sqrt{3})}$$
$$= \sqrt[6]{(7-4\sqrt{3})\ (7+4\sqrt{3})}$$
$$= \sqrt[6]{49-48}$$
$$= 1$$

辨析 错在对根式的性质不清，因根式的根本性质 $\sqrt[np]{a^{mp}} = \sqrt[n]{a^m}$（$a \geqslant 0$）中，忽视条件 $a \geqslant 0$，误将 $\sqrt[3]{\sqrt{3}-2}$ 变形为 $\sqrt[6]{(\sqrt{3}-2)^2}$，忽视隐含条件 $\sqrt{3}-2<0$，所以导致变形之错。

正确解法

$$原式=-\sqrt[3]{2-\sqrt{3}}\cdot\sqrt[6]{7+4\sqrt{3}}$$

$$=-\sqrt[3]{2-\sqrt{3}}\cdot\sqrt[6]{(2+\sqrt{3})^2}$$

$$=-\sqrt[3]{(2-\sqrt{3})(2+\sqrt{3})}$$

$$=-\sqrt[3]{4-3}$$

$$=-1$$

另解

$$原式=\sqrt[3]{\sqrt{3}-2}\cdot\sqrt[6]{(\sqrt{3}+2)^2}$$

$$=\sqrt[3]{(\sqrt{3}-2)(\sqrt{3}+2)}$$

$$=\sqrt[3]{3-4}$$

$$=-1$$

3. 方程

例 8-8 解方程

$$\frac{2(ax-5a)}{3}=\frac{3(ax+4a)}{4}-a$$

解 去分母，得

$$8(ax-5a)=9(ax+4a)-12a$$

去括号得 $8ax-40a=9ax+36a-12a$，合并同类项，得 $-ax=64a$，解得 $x=-64$。

辨析 在解题过程中，由"$-ax=64a$，得 $x=-64$"这一步，用了方程同解原理 2"方程的两边都乘以（或都除以）不等于零的同一个数，所得的方程与原方程是同解方程。"把方程 $-ax=64a$ 的两边同除以 a，忽略了这个原理中的一个重要条件"不等于零的同一个数"，因本题没有 $a\neq0$ 的条件。

正确解法 如上去分母、去括号和合并同类项，得 $-ax=64a$。

当 $a\neq0$ 时，$x=-64$；

当 $a=0$ 时，x 为任意实数。

例 8-9 求二次方程 $x^2-ax+a^2-4=0$ 中的实数 a，使方程仅有一个正根。

解 因为方程仅有一个正根，所以另一个根小于等于零。设两根分别为 x_1，x_2，由根与系数关系定理则有

$$x_1\cdot x_2=a^2-4\leqslant0$$

即 $(a+2)(a-2)<0$，解之，得 $-2\leqslant a\leqslant2$。

辨析 从 $x_1\cdot x_2\leqslant0$ 中，不能确保两根中必有一个根是正根。例如，当 $x_1=0$，$x_2\leqslant0$ 时，同样有 $x_1\cdot x_2\leqslant0$ 的条件成立。

正确解法 分两种情况进行讨论：

(1) 若一根为正，另一根为 0，由根与系数关系定理则有

$$\begin{cases} x_1 + x_2 = a > 0 \\ x_1 \cdot x_2 = a^2 - 4 = 0 \end{cases}$$

由此解得 $a = 2$。

（2）若一根为正，另一根为负，则有

$$x_1 \cdot x_2 = a^2 - 4 < 0$$

即 $(a+2)(a-2) < 0$，解得 $-2 < a < 2$。

综合（1）、（2），得 $-2 < a \leqslant 2$。

例 8 - 10 当 a 为何实数值时，方程 $3x^2 + (a^2 - 3a - 10)x + 3a = 0$ 的两根互为相反数？

解 根据根与系数的关系和题意，得

$$\begin{cases} -\dfrac{a^2 - 3a - 10}{3} = 0 \quad （两根互为相反数之和为 0） \\ \dfrac{3a}{3} < 0 \end{cases}$$

解之，得

$$\begin{cases} a = 5 \text{ 或 } a = -2 \\ a < 0 \end{cases}$$

所以 $a = -2$。

辨析 本题答案正确，解法有错，错在对相反数的概念不清，忽略了"零的相反数还是零"。

正确解法 由根与系数关系定理，得

$$\begin{cases} -\dfrac{a^2 - 3a - 10}{3} = 0 \\ \dfrac{3a}{3} \leqslant 0 \end{cases}$$

解之，得

$$\begin{cases} a = 5 \text{ 或 } a = -2 \\ a \leqslant 0 \end{cases}$$

所以 $a = -2$。

当 $a = -2$ 时，方程两根互为相反数。

例 8 - 11 k 为何值时，方程

$$(k^2 - 1)x^2 + 6(3k - 1)x + 72 = 0$$

的两根都是正整数（$k \neq \pm 1$）？

解法 1 因为方程的两根 x_1，x_2 是正整数，所以 $x_1 + x_2$，$x_1 \cdot x_2$ 也都是正整数。

于是，根据根与系数关系定理有

$$\frac{6(3k-1)}{k^2-1} \text{与} \frac{72}{k^2-1}$$

都是正整数，由此求出 k 值即可（略）。

解法 2 由根的判别式

$$\Delta = 36(3k-1)^2 - 4 \times 72(k^2-1) = 36(k-3)^2 \geqslant 0$$

不妨用求根公式，可求得原方程两根为

$$x_1 = \frac{12}{k+1}, \quad x_2 = \frac{6}{k-1}$$

要使 $\frac{6}{k-1}$ 是整数，分母 $k-1=1$，2，3，6，即 $k=2$，3，4，7。

但当 $k=4$，7 时，$\frac{12}{k+1}$ 都不是正整数，

故当 $k=2$ 或 3 时，原方程两根都是正整数。

辨析 解法 1 应注意由 x_1+x_2 与 $x_1 \cdot x_2$ 都是正整数并不能保证 x_1 与 x_2 都是正整数，例如，$x_1=5+\sqrt{3}$，$x_2=5-\sqrt{3}$，虽然 $x_1+x_2=10$，$x_1 \cdot x_2=22$ 都是正整数，但是 x_1 与 x_2 都不是正整数。因此，解法不正确；

解法 2 也不全面，漏了 k 值，如 $k=\frac{7}{5}=1.4$ 时，$x_1=5$，$x_2=15$ 也符合题意。

正确解法 因 $\Delta = 36(k-3)^2 \geqslant 0$，方程有两个实数根，分别为

$$x_1 = \frac{12}{k+1}, \quad x_2 = \frac{6}{k-1}$$

由于两根 x_1，x_2 是正整数，所以 k 不可能是无理数，即 k 必定是有理数。

(1) 若 k 是整数，如解法 2，可得 $k=2$ 或 $k=3$；

(2) 若 k 是分数，设 $k=\frac{m}{n}$（m 与 n 互质，$n \geqslant 2$），有

$$x_1 = \frac{12}{\frac{m}{n}+1} = \frac{12n}{m+n}, \quad x_2 = \frac{6}{\frac{m}{n}-1} = \frac{6n}{m-n}$$

因为 x_1，x_2 是正整数，故必有 $m-n \geqslant 1$，即 $m>n \geqslant 2$，从而 $m+n>2+2=4$。

又因 m，n 互质，故 $m+n$ 与 n 互质，$m-n$ 与 n 互质，所以 $m+n$ 应是 12 的因数，$m-n$ 应是 6 的因数。考虑到 $m+n>4$，并且 $m+n$ 与 $m-n$ 同奇偶，故只可能：

$$m+n=6 \text{ 或 } 12$$

$$m-n=2 \text{ 或 } 6$$

又因 $m+n>m-n$，故 m，n 只可能满足下列方程组：

数学奇趣

$$\begin{cases} m+n=6 \\ m-n=2 \end{cases} \text{或} \quad \begin{cases} m+n=12 \\ m-n=2 \end{cases} \text{或} \quad \begin{cases} m+n=12 \\ m-n=6 \end{cases}$$

解之，得

$$\begin{cases} m=4 \\ n=2 \end{cases} \text{或} \quad \begin{cases} m=7 \\ m=5 \end{cases} \text{或} \quad \begin{cases} m=9 \\ n=3 \end{cases}$$

其中第一、第三两解中 m 与 n 不互质，不合要求舍去，故只有 $m=7$，$n=5$，即 $k=\dfrac{7}{5}=1.4$。

所以，本题的答案是 $k=2$，3，1.4。

例 8-12 方程 $x^2+bx+1=0$ 与 $x^2-x-b=0$ 有一公共根，求 b 的值。

解 设 x_1 为两个方程的公共实根，则有

$$\begin{cases} x_1^2+bx_1+1=0 & \qquad (8\text{-}1) \\ x_1^2-x_1-b=0 & \qquad (8\text{-}2) \end{cases}$$

(8-1) － (8-2) 并整理可得

$$(x_1+1)(b+1)=0$$

两边同除以 x_1+1，得 $b=-1$。

辨析 错在当 $b=-1$ 时，将 $b=-1$ 代入原两个方程时都为 $x^2-x+1=0$，其根的判别式 $\Delta=1-4<0$，故方程没有实数根，所以 $b=-1$ 不合，舍去。

另一方面，(8-1) － (8-2) 时得 $(x+1)(b+1)=0$，不能用除法，应有 $x+1=0$ 或 $b+1=0$，即 $x=-1$ 或 $b=-1$。当 $b=-1$ 时，$\Delta<0$，将 $b=-1$ 舍去；再由 $x_1=-1$ 代入 (8-2)，得 $b=2$，符合题意。故 $b=2$。

4．对数

例 8-13 若 $2\lg(x-2y)=\lg x+\lg y$，求 $x:y$。

解
$$2\lg(x-2y)=\lg x+\lg y$$
$$\Rightarrow \lg(x-2y)^2=\lg xy$$
$$\Rightarrow (x-2y)^2=xy$$
$$\Rightarrow x^2-5xy+4y^2=0$$
$$\Rightarrow (x-y)(x-4y)=0$$

所以 $x=y$，或 $x=4y$，即 $x:y=1$ 或 $x:y=4:1$。

辨析 当 $x:y=1$ 时，$x-2y<0$，$\lg(x-2y)$ 无意义，并且 $2\lg(x-2y)\neq \lg(x-2y)^2$。显然，本题对对数定义中真数为正的限制条件，以及 $2\lg x=\lg x^2$ $(x>0)$，故 $x:y=1$ 为增解，舍去。

正确解法 仿上得 $(x-y)(x-4y)=0$。

应舍去 $x-y=0$，即 $x:y=1$，得正解答案 $x-4y=0$，即 $x:y=4:1$。

例 8 - 14 化简 $\dfrac{1}{2}\lg(6-2\sqrt{5})$。

解 原式 $=\dfrac{1}{2}\lg(1-\sqrt{5})^2=\lg(1-\sqrt{5})$。

辨析 忽视了对数的真数应为正值，而 $1-\sqrt{5}<0$。

正确解法 原式 $=\dfrac{1}{2}\lg(1-\sqrt{5})^2=\dfrac{1}{2}\,|\,1-\sqrt{5}\,|=\lg(\sqrt{5}-1)$。

例 8 - 15 化简 $\sqrt{5^{2\log_5^{(\lg x)}}-2\lg x+1}$。

解 原式 $=\sqrt{5^{\log_5^{(\lg x)^2}}-2\lg x+1}=\sqrt{(\lg x)^2-2\lg x+1}$

$=\sqrt{(\lg x-1)^2}=\begin{cases}\lg x-1, & x\geqslant 10\\ 1-\lg x, & 0<x<10\end{cases}$

辨析 忽略了条件 $\lg x>0$，即 $x>1$，上述 $0<x<10$ 中 $x>0$ 错。

正确解法 原式 $=\sqrt{(\lg x-1)^2}=\begin{cases}\lg x-1, & x\geqslant 10\\ 1-\lg x, & 1<x<10\end{cases}$

5. 函数

例 8 - 16 已知等腰三角形的周长为 10cm，底边长为 $y$cm，腰长为 $x$cm。若以 x 为自变量，试写出 y 与 x 的函数解析式，并求出自变量 x 的取值范围。

解 由题意可知，等腰三角形周长 $y+2x=10$，故得所求函数解析式 $y=10-2x$。

又因 $x>0$，$y>0$，则 $10-2x>0$，即 $0<x<5$。

因此自变量 x 的取值范围为 $0<x<5$。

辨析 这里所求的函数解析式正确，但在求 x 取值范围时错了，因为犯了忽视"三角形两边之和大于第三边"的条件的错误，上述所求 $0<x<5$ 中有错。

正确解法 由题意求得函数解析式为

$$y=10-2x$$

又由 $x>0$，$y>0$，$10-2x>0$，得 $0<x<5$。

另一方面，由"三角形的任意两边之和大于第三边"，有 $x+x>y$，即 $2x>10-2x$，解得 $x>\dfrac{5}{2}$。

所以，自变量 x 的取值范围为 $\dfrac{5}{2}<x<5$。

例 8 - 17 已知 $y=y_1+y_2$，y_1 与 x 成正比例，y_2 与 x 成反比例，并且 $x=1$ 时，$y=4$；$x=2$ 时，$y=5$。求 $x=4$ 时 y 的值。

解 由题意设 $y_1=kx$，$y_2=\dfrac{k}{x}$。

因为 $y=y_1+y_2$，所以 $y=kx+\dfrac{k}{x}$，把 $x=1$，$y=4$ 代入上式，得 $4=k+k$，所以 $k=2$，所以 $y=2x+\dfrac{2}{x}$，于是，当 $x=4$ 时，所求 y 的值为

$$y=2\times4+\dfrac{2}{4}=8\dfrac{1}{2}$$

辨析 解法错误，答案正确。因为在设正比例 $y_1=kx$ 和反比例 $y_2=\dfrac{k}{x}$ 时，取了相同的比例系数 k。由于这是两种不同的比例，其比例系数未必相同。应分设 $y_1=k_1x$，$y_2=\dfrac{k_2}{x}$。虽然答案正确，这只是题设中数据的一种巧合，若将题中数据稍加修改便清楚了。

因此，本题错误之根是对函数的正比例、反比例概念切实掌握不够。

正确解法 根据题意有 $y_1=k_1x$，$y_2=\dfrac{k_2}{x}$。因为 $y=y_1+y_2$，所以

$$y=k_1x+\dfrac{k_2}{x} \tag{8-3}$$

将 $x=1$，$y=4$ 代入 (8-3)，得

$$4=k_1+k_2 \tag{8-4}$$

又将 $x=2$，$y=5$ 代入 (8-3)，得

$$5=2k_1+\dfrac{k_2}{2} \tag{8-5}$$

解 (8-4)、(8-5) 两个方程，求得

$$k_1=2,\quad k_2=2$$

将 k_1，k_2 代入 (8-3)，得

$$y=2x+\dfrac{2}{x} \tag{8-6}$$

将 $x=4$ 代入 (8-6)，便得所求 y 的值

$$y=2\times4+\dfrac{2}{4}=8\dfrac{1}{2}$$

例 8-18 已知 x_1，x_2 是一元二次方程 $x^2-(k-2)x+(k^2+3k+5)=0$（k 为实数）的两个实数根，试求 $x_1^2+x_2^2$ 的最大值（1982 年 28 省、市、自治区中学生数学竞赛题）。

解 根据根与系数关系，有

$$x_1+x_2=k-2,\quad x_1\cdot x_2=k^2+3k+5$$

所以
$$x_1^2+x_2^2=(x_1+x_2)^2-2x_1x_2=(k-2)^2-2(k^2+3k+5)=-(k+5)^2+19$$
显见，当 $k=-5$ 时，$x_1^2+x_2^2$ 有最大值 19。

辨析 当 $k=-5$ 时，方程根的判别式
$$\Delta=(k-2)^2-4(k^2+3k+5)=-24<0$$
说明原方程没有实数根，根本谈不上求 $x_1^2+x_2^2$ 的最大值。

错误出在哪里呢？很明显，此题中要考虑两根平方和的最大值，先决条件是 $\Delta\geqslant0$。

正确解法 已知 x_1 和 x_2 是已知一元二次方程的实数，所以，$\Delta\geqslant0$，即
$$\Delta=(k-2)^2-4(k^2+3k+5)=-3k^2-16k-16\geqslant0$$
解得 $-4\leqslant k\leqslant-\dfrac{4}{3}$。而
$$x_1^2+x_2^2=(x_1+x_2)^2-2x_1x_2=(k-2)^2-2(k^2+3k+5)$$
$$=-(k+5)^2+19$$
注意到约束条件，$-4\leqslant k\leqslant-\dfrac{4}{3}$，得

当 $k=-4$ 时，$x_1^2+x_2^2$ 有最大值，其最大值为
$$(x_1^2+x_2^2)_{最大值}=-(k+5)^2+19=-(-4+5)^2+19=18$$
故所求最大值是 18。

8.2 几何方面的问题

几何方面的解（证）过程中，常有考虑不周而产生漏解，如图形位置或单凭观察、轻信直觉等产生错误，下面仅举几例，供你辨析、诊断或会诊。它能提高你的知识或能力。

例 8-19 等腰三角形一腰上的高等于腰长的一半，求各角的度数。

解 如图 8-1 所示，等腰 $\triangle ABC$ 的高 BD 等于腰 AB 长的一半，即 $BD=\dfrac{1}{2}AB$，在 Rt$\triangle ABD$ 中，$\sin A=\dfrac{BD}{AB}=\dfrac{1}{2}$ 或"直角三角形中，若一直角边等于斜边的一半，则这条直角边所对的角等于 30°。"所以 $A=30°$，所以 $\angle ABC=\angle ACB=75°$。

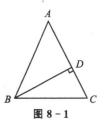

图 8-1

辨析 此题误解中只考虑到顶角 A 为锐角的情形，而忽视了角 A 为钝角的情形。

正确解法 应分两种情形：

（1）当角 A 为锐角时，解法如上；

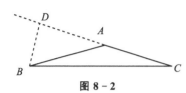

图 8-2

（2）当角 A 为钝角时，如图 8-2 所示，$\angle BAC$ 为钝角，高 $BD=\dfrac{1}{2}AB$，所以 $\angle BAD=30°$（直角三角形性质），所以 $\angle BAC=150°$，所以 $\angle B=\angle C=15°$。

例 8-20 已知△ABC 中，$\angle B=2\angle C$，AD 为 BC 边上的高，E 为 BC 的中点，求证：$DE=\dfrac{1}{2}AB$。

证明 如图 8-3 所示，取 AB 的中点 M，连接 MD，ME，因为 $BE=EC$，所以 $EM\ \textbackslash\textbackslash\ AC$，于是 $\angle MEB=\angle C$。

又 MD 是 $\text{Rt}△ADB$ 的斜边 AB 上的中线，故

$$MD=MB=\dfrac{1}{2}AB$$

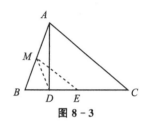

图 8-3

从而 $\angle B=\angle MDB$，由 $\angle B=2\angle C$ 知

$$\angle DME=\angle MDB-\angle MED=\angle B-\angle C=\angle C=\angle MED$$

所以 $ED=DM=\dfrac{1}{2}AB$。

辨析 本题证法的缺陷是仅仅适用于 $\angle B$ 是锐角的情形，当 $\angle B$ 是直角或钝角时，此证法就失效了，应当另外给予证明，这就犯了"考虑不周"的错误。

正确证法 方法有二，一种方法是补证当 $\angle B$ 是直角和 $\angle B$ 是钝角的情形；另一种方法改用下面方法证明：

证明 如图 8-4，图 8-5，图 8-6 所示，取 AC 的中点 G，连接 DG，GE，因 $DG=\dfrac{1}{2}AC=GC$，故 $\angle 2=\angle C$；

又因 $GE\ \textbackslash\textbackslash\ AB$，故 $\angle 1=\angle B=2\angle C$，从而

$$\angle 3=\angle 1-\angle 2=2\angle C-\angle C=\angle C$$

因此 $\angle 2=\angle 3$。从而 $EG=ED$，但是 $EG=\dfrac{1}{2}AB$，所以 $DE=\dfrac{1}{2}AB$。

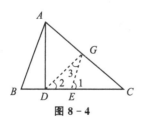

图 8-4

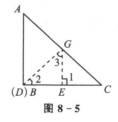

图 8-5

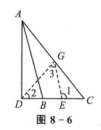

图 8-6

例 8 - 21 已知△BEC 和△DFA 是▱ABCD 外的等边三角形。求证△BEC 和△DFA 是中心对称图形。

证明 如图 8 - 7 所示，连接 AC，BD，EF，设它们相交于 O 点，因为▱ABCD 是以其对角线交点 O 为对称中心的中心对称图形，所以顶点 A 与 C，B 与 D 关于点 O 对称。

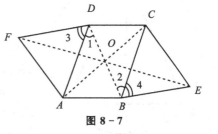

图 8 - 7

因为
$$DA=BC, \quad DA=DF$$
所以 $DF=BE$。

因为
$$\angle 1=\angle 2, \quad \angle 3=\angle 4=60°$$
所以 $\angle ODF=\angle OBE$。

因为 $OD=OB$，所以△FDO≌△EBO。

所以 $FO=EO$。

所以 F 与 E 关于 O 点对称。

所以△DFA 与△BEC 关于 O 点对称。

辨析 这里单凭观察，轻信直觉，看出 FE，AC，BD 三线共点。而未加以证明，这是不行的，直觉是不一定可靠的。因此，这样的证明过程是不正确的。

正确证法 连接 BD，EF，设它们相交于 O 点，因 ABCD 是平行四边形，所以 $DA \underline{\underline{/\!/}} BC$，$\angle 1=\angle 2$。

又因为
$$DA=DF, \quad BC=BE$$
所以 $DF=BE$。

因为 $\angle 3=\angle 4=60°$，所以 $\angle ODF=\angle OBE$。

又因为 $\angle DOF=\angle BOE$，所以△FDO≌△EBO，所以 $FO=EO$，$DO=BO$，所以 F 与 E，D 与 B 关于 O 点对称。

于是 O 是▱ABCD 的对角线 BD 的中点，从而也是对角线的中点。所以△DFA 与△BEC 关于 O 点对称。

例 8 - 22 已知半径为 9 的⊙O 内有一内接等腰三角形 ABC，它底边上的高 AH 与一腰的和为 20，试求 AH 的长。

解 如图 8 - 8 所示，由已知条件可知 A，O，H 三点共线，延长 AH 交⊙O 于 M，连接 BM。设 $OH=k$，则 $AH=9+k$，$HM=9-k$。所以 $AB=20-AH=11-k$

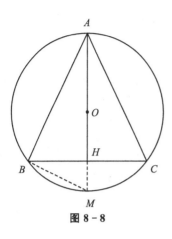

图 8 - 8

又因为 $AM \perp BC$，$\angle ABM = 90°$，所以

$$BH^2 = AB^2 - AH^2 = (11-k)^2 - (9+k)^2 = 40(1-k)$$

再由相交弦定理，有

$$BH^2 = MH \cdot AH$$

所以 $40(1-k) = 81 - k^2$，解得 $k_1 = 41$，$k_2 = -1$（舍去），所以 $AH = 9 + k = 50$。

辨析 由于 $AH = 50 > AM = 18$ 显然有错。导致错误的原因是没有对圆心位置进行探讨。因此在解答与圆有联系的几何问题时，通常要先弄清圆心的位置，方可求解，否则将会事倍功半，隐患重重。

正确解法 如图 8 - 9 所示，$\triangle ABC$ 为圆内接等腰三角形，圆心在 $\triangle ABC$ 之外。高 AH 延长与 $\odot O$ 交于 M，因高 AH 垂直平分 BC，OH 也垂直平分 BC，故 A，H，O 三点共线。

设 $AH = k$，根据射影定理，有

$$AB^2 = AH \cdot AM$$

即 $(20-k)^2 = 18k$，解得 $k_1 = 8$，$k_2 = 50$（不合题意舍去），所以所求 $AH = 8$。

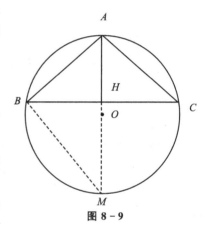

图 8 - 9

例 8 - 23 本题有下面三种证法，请你会诊、辨析、鉴别这些证法是否正确，为什么？

已知，如图 8 - 10 所示，在等腰 $\triangle ABC$ 中，$AB = AC$，D 是 BC 延长线上一点，E 是 AB 上一点，DE 交 AC 于点 F。求证 $AF > AE$。

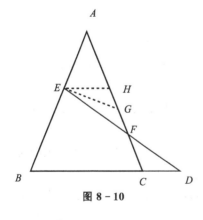

图 8 - 10

证法 1 因为 $AB = AC$，所以 $\angle B = \angle ACB$。

又因为 $\angle AEF > \angle B$（外角定理），所以 $\angle AEF > \angle ACB$。

又因为 $\angle ACB > \angle CFD$（外角定理），而 $\angle CFD = \angle AFE$。

所以 $\angle AEF > \angle AFE$，所以 $AF > AE$。

证法 2 以 E 为顶点，EF 为一边，作 $\angle FEG = \angle AFE$，辅助线 EG 交 AF 于点 G，于是 $GE = GF$。

因为 $AG + GE > AE$，所以 $AG + GF > AE$，即 $AF > AE$。

证法 3 以 EA 为一边，E 为顶点，作 $\angle AEH = \angle AHE$，辅助线 EH 交

AF 于点 H，于是 $AE=AH$。

因为 $AF>AH$，所以 $AF>AE$。

辨析 证法 1 是正确的。

证法 2 是错误的，错在画出的辅助线 EG 在 $\angle AEF$ 的内部，并且使 $\angle GEF=\angle GFE$，这就必须具备条件 $\angle AEF>\angle AFE$。也就是说，证法 2 已经默认了 $AF>AE$。

证法 3 也是错的，错在画辅助线 EH 的说法不够准确，其实质是"在 AF 上截取 $AH=AE$"（这样才能使 $\angle AEH=\angle AHE$），这更为明显地默认了 $AF>AE$。

证法 2、证法 3，实际上都是先承认了结论 $AF>AE$ 成立，然后再利用它去转弯抹角地"证明"结论成立，这种错误是一种循环论证的错误。

添辅线应该做到"画线有据"，即添辅助线时，应当考虑是否已经具备了必须具有的条件，而不能过分地借助几何图形直观，直观是不可靠的。

思考题 19 1. 关于 x 的方程 $kx^2-(2k+1)x+k=0$ 有两个相等的实数根，试求 k 的值。

解 因为根的判别式

$$\Delta=[-(2k+1)]^2-4k \cdot k>0$$

解得 $k>-\dfrac{1}{4}$。

请你辨析，其解法正确吗？为什么？若不正确，给出正确解法。

2. 化简 $\sqrt{2-\sqrt{3}}-\sqrt{2+\sqrt{3}}$。

解 设 $x=\sqrt{2-\sqrt{3}}-\sqrt{2+\sqrt{3}}$，两边平方，得

$$x^2=(\sqrt{2-\sqrt{3}}-\sqrt{2+\sqrt{3}})^2$$

即 $x^2=2$，所以 $x=\sqrt{2}$。

请诊断辨析上述解法正确吗？为什么，若不正确给出正确解法。

3. 计算 $(\sqrt{-a^3}+3a\sqrt{-a}) \div a$。

解 原式 $=(a\sqrt{-a}+3a\sqrt{-a}) \div a=4a\sqrt{-a} \div a=4\sqrt{-a}$

辨析其解法对否？

4. 下面本题的解法对否，请辨析。

设 x_1，x_2 是方程 $2x^2-4mx+2m^2+3m-2=0$ 的两个实根。当 m 为何值时，$x_1^2+x_2^2$ 有最小值，并求出这个最小值。

解 已知方程的两根是 x_1 和 x_2，根据根与系数关系定理，有

$$\begin{cases} x_1+x_2=2m \\ x_1 \cdot x_2=\dfrac{2m^2+3m-2}{2} \end{cases}$$

所以

$$x_1^2+x_2^2=(x_1+x_2)^2-2x_1x_2=(2m)^2-2\cdot 2\frac{2m^2+3m-2}{2}$$

$$=2m^2-3m+2=2(m-\frac{3}{4})^2+\frac{7}{8}$$

所以当 $m=\frac{3}{4}$ 时，$x_1^2+x_2^2$ 有最小值 $\frac{7}{8}$。

5. 下面的题的解答是错误的，请辨析指正。

已知函数 $y=(m-2)x^{m^2-2}+(m+1)x+m$，

(1) 当 m 为何值时，它是二次函数。

(2) 当 m 为何值时，它是一次函数。

解 (1) 由题意，$m^2-2=2$，所以当 $m=\pm 2$ 时，它是二次函数。

(2) 由题意 $\begin{cases} m-2=0, \\ m+1\neq 0, \end{cases}$ 所以当 $m=2$ 时，它是一次函数。

6. 已知 AE 是 $\triangle ABC$ 外接圆的直径，且 $AB=8$，$AC=3$，$AE=\frac{14\sqrt{3}}{3}$，求角 A 的余弦。（1988 年哈尔滨市中考招考试题）

指出下面解法中的错误。

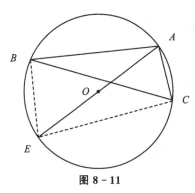

图 8-11

解 如图 8-11 所示，连接 BE、CE，则有 $\angle ABE=\angle ACE=90°$。由勾股定理，得

$$BE=\sqrt{AE^2-AB^2}=\sqrt{\frac{196}{3}-64}=\frac{2}{\sqrt{3}}=\frac{2\sqrt{3}}{3}$$

$$CE=\sqrt{AE^2-AC^2}=\sqrt{\frac{196}{3}-9}=\frac{13}{\sqrt{3}}=\frac{13\sqrt{3}}{3}$$

又根据余弦定理，有

$$BC^2=AB^2+AC^2-2AB\cdot AC\cdot \cos\angle BAC$$
$$=64+9-2\times 8\times 3\cos\angle BAC$$
$$=73-48\cos\angle BAC$$

$$BC^2=BE^2+CE^2-2\cdot BE\cdot CE\cdot \cos\angle BEC$$

$$=\frac{4}{3}+\frac{169}{3}-2\times \frac{2\sqrt{3}}{3}\times \frac{13\sqrt{3}}{8}\cdot \cos\angle BEC$$

$$=\frac{173}{3}-\frac{52}{3}\cos(180°-\angle BAC)=\frac{173}{3}+\frac{52}{3}\cos\angle BAC$$

设 $\angle BAC=\angle A$，所以 $73-48\cos A=\frac{173}{3}+\frac{52}{3}\cos A$，解得 $\cos A=\frac{23}{98}$。

7. 如图 8-12 所示，梯形 $ABCD$ 中，AC 与 BD 相交于 O，中位线 EF 分别

交 AC、BD 于 G、H。试问图中有几对相似三角形？下面答案对否。

解 因为 EF 是梯形 $ABCD$ 的中位线，点 H，G 在 EF 上，根据相似三角形的判定定理，得

△BEH∽△BAD， △AEG∽△ABC

△DHF∽△DBC， △OHG∽△OBC

△CFG∽△CDA， △AOD∽△GOH

△AOD∽△COB

又因为△AOD∽△COB，所以 $AO:CO=DO:BO$。

又因为 $∠1=∠2$，所以△AOB∽△COD（相似三角形判定定理 1）。

因此，图 8–12 中有 8 对三角形相似。

8. 下面是一个有趣的、荒唐的"证明"，请辨析，错在何处。

在任意三角形 ABC 中，求证 $∠B<∠C$，同时可证 $∠B>∠C$。

证明 （1）在△ABC 中，从 AB 上截取 AD，使 $AD=AC$，如图 8–13（a）。连接 CD。

因为 $AD=AC$，所以 $∠ADC=∠ACD$。

又因为 $∠ADC>∠B$（外角定理），

$$∠ACD<∠ACB$$

所以 $∠B<∠ACB$，即 $∠B<∠C$。

（2）在△ABC 中，从 AC 上截取 AE，使 $AE=AB$。如图 8–13（b）所示，连接 BE。

因为 $AE=AB$，所以 $∠AEB=∠ABE$。

又因为 $∠ABC>∠ABE$，$∠AEB>∠C$，所以 $∠ABC>∠C$，即 $∠B>∠C$。

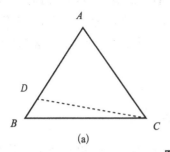

(a)

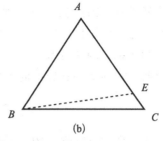

(b)

图 8–13

9 以中国人命名的定理

中国数学至少有五千年的悠久历史。中国数学家为数学王国增添宏丰著述，有些定理、公式被人视为稀世之珍，并以他们的名字命名而流芳后世，实令华夏子孙骄傲和颂扬。

这里选介一些，虽然不全面，或者挂一漏万，但足以证明我国古今炎黄子孙的智慧和成就，值得浓墨重彩抹上一笔。

9.1 商高定理

商高（约公元前1100年）是周朝的大夫，精通天文，他发现勾股定理的特例（勾三股四弦五），曾被人称为"商高定理"。

9.2 圆周率 π

圆的周长与圆的直径的比，叫做圆周率。它是一个定值，用希腊字母 π 来表示。

1. 古率

古算书《周髀算经》（公元前2世纪）卷上载有"圆径一而周三"，这就是说，圆的直径是一，圆周长为三，则周三与径一之比为三，即 $\pi=3$ 称为古率。《九章算术》（公元前1世纪）方田章中载有"周三径一为率"，这就是说，圆周三与直径一的比率，即是古率。

以上说明，古率就是圆周率的近似值，即 $\pi=3$。

2. 歆率

西汉天文、数学家刘歆（约公元前50～23年）"受诏与乃父领校秘书，讲六艺传记，诸子、诗赋、数术、方技，无所不究"。他曾受命王莽执政时，制作量器"律嘉量"。他取定圆周率，早期都认为是 $3.15466 \approx 3.1547$。后来通过出土实物，认为得 $\pi=3.1679$。虽不够精确，但这是寻求准确圆周率的先导（以前 $\pi \approx 3$）。故后人以他的名字中后一个字命名为"歆率"。（李迪1997）[103～106]等。

---

3. 衡率

东汉科学家张衡（78～139），他曾三度主管天文、历算的太史令。在天文学、数学、地震学、机械制造方面有贡献。他在计算球体积，推得 $\pi \approx \sqrt{10} \approx 3.1623$。虽不精确，但比印度、阿拉伯数学家算出的同样结果，早约 500 年。后人以他的名字中后一个字命名为衡率（梁绍鸿，1958）[62]。

4. 徽率

我国著名数学家刘徽（263 年前后），三国时代魏晋人。他注万言竹简《九章算术》创立了"割圆术"、"阳马术"、"方程新术"、"重差术"，使用十进分数，有了较明显的极限思想，给许多数学概念下了定义，他几乎对《九章算术》所有法则、公式都进行了足够严格的证明，在逻辑推理方面达到了相当高的水平，被认为是我国数学证明第一人。他的成就金光闪闪。

刘徽摆布算筹（几寸长小竹等材料制成）计算到圆内接正 3072 边形的面积，求得 $\pi = 3927/1250 \approx 3.1416$ 的当时世界最高纪录。在实用算术上他主张用 $\pi = 157/50 \approx 3.14$。故后人把 3.14 或 157/50 这个 π 值近似值称为"徽率"（李迪 1984）[101]。

5. 祖率

南北朝著名数学家祖冲之（429～500）算出保持千年的 π 值的世界纪录
$$3.1415926 < \pi < 3.1415927$$
$$密率 = \frac{355}{113}, \qquad 约率 = \frac{22}{7}$$

其中 $\frac{355}{113} = 3.1415929\cdots$ 近似代替 π，是个了不起的贡献。据统计，所有分母不超过 16603 的分数当中，没有比 $\frac{355}{113}$ 更接近 π。日本数学家三上义夫（Mikami Yoshio，1875～1950）将祖冲之的"密律" $\frac{355}{113}$ 称为"祖率"（李迪，1984）[115]。

9.3 祖暅原理

祖暅是祖冲之的儿子，他"少传家业，究极精微，亦有巧思入神之妙"，也是一个博学多才的数学家。祖氏父子提出："幂（指面积）势（指高）既同，则积（指体积）不容异。"这就是现行《立体几何》书上"等高处的截面积相等，则两立体的体积相等"的"祖暅之原理"。

9.4 张遂内插法公式

张遂（683～727），和尚，法名一行，是唐朝天文学家、数学家。据《旧唐书》说："一行少聪敏，博览经史，尤精历象。"他在研究天文历法时创造了"不等间距二次内插公式"，数学史上称为"张遂内插法公式"或"一行内插法公式"：

$$f(a+s) = f(a) + s\frac{\Delta_1+\Delta_2}{\omega_1+\omega_2} + s\left(\frac{\Delta_1}{\omega_1}-\frac{\Delta_2}{\omega_2}\right) - \frac{s^2}{\omega_1+\omega_2}\left(\frac{\Delta_1}{\omega_1}-\frac{\Delta_2}{\omega_2}\right) \quad (\omega_1 \neq \omega_2)$$

其中 $f(a)$ 是测算太阳距某入气日（日行速度），s 为倍六爻，Δ_1、Δ_2 为前后气盈缩分（或增损差），ω_1、ω_2 为前后气辰数，所求日定数（气后某日日行速度）为 $f(a+s)$（李迪，1997）[321～324]。

9.5 秦九韶公式

南宋数学家秦九韶（字道古，1208～约1267），著《数书九章》（1247 年），是古算中唯一能与《九章算术》相媲美的一部高水平著作，堪称当时世界一流成果。秦九韶书中的序言、系文中，可知他严谨的治学、光辉的数学思想和全面的治国主张，内容丰富，体系独特，特点鲜明，是古代文化中一颗光彩夺目的明珠。

秦九韶独立发现了已知三角形三边 a，b，c，求三角形面积公式，用公式表示

$$S = \frac{1}{2}\sqrt{c^2 a^2 - \left(\frac{c^2+a^2-b^2}{2}\right)^2}$$

此即秦九韶公式，又叫三斜求积公式，堪与希腊数学家海伦公式媲美（当然，已知三角形三边求其面积公式，最早是公元前 3 世纪阿基米德发现的）。（钱宝琮，1981）[167]。

9.6 朱世杰等式

我国第一个职业数学教育家朱世杰（13 世纪末 14 世纪初），元代数学家兼教育家。"踵门而学者云集"。他继承前人成果，并创造性加以发挥，把我国古代数学理论研究推向高潮。他的杰著《四元玉鉴》，内容丰富，如发现高阶级数求和公式、四次内插法，特别是"四元术"（相当于四元方程的理论）和高次方

程（布列和解四元高次方程组的消元法）等。

朱世杰发现的高阶级数求和公式，被称为"朱世杰等式"：

$$\sum_{r=1}^{n} \frac{1}{p!} r(r+1)(r+2)\cdots(r+p-1) = \frac{1}{(p+1)!} n(n+1)(n+2)\cdots(n+p)$$

当 $p=1$，2，3，4，5 时便有五个具体公式（李迪，1984）[213]。

9.7 朱世杰内插法公式

朱世杰在计算招兵人数中发现了四次等间距内插公式。李迪先生建议称为"朱世杰内插公式"：

$$f(n) = n\Delta + \frac{1}{2!} n(n-1)\Delta^2 + \frac{1}{3!} n(n-1)(n-2)\Delta^3$$

$$+ \frac{1}{4!} n(n-1)(n-2)(n-3)\Delta^4$$

其中 n 为招兵次数，Δ 为每日招兵人数，又叫上差，Δ^2 为二差，Δ^3 为三差，Δ^4 为四差。（李迪，1999）[322]。

9.8 李善兰恒等式

清代数学家、翻译家李善兰（1811～1882）别号壬叔。15 岁自学《几何原本》，并能弄通其中的意义。30 岁以前，他"仰承汉唐"，吸收了以《九章算术》为代表的传统数学知识；在翻译西方高等数学，他兼收并蓄，"荟萃中外"自成一家。在微积分、递归函数、组合数学、数论和级数等成就显著，颇多独创。

他发现组合数学中驰名中外的组合恒等式，被称为李善兰恒等式，外国多称为"李壬叔恒等式"：

$$\sum_{i=0}^{k} (C_k^i)^2 \cdot C_{n+2k-1}^{2k} = (C_{n+k}^k)^2$$

其中 $C_m^l = \begin{cases} 0, & l < m, \\ \dfrac{l!}{m!\,(l-m)!}, & l \geqslant m. \end{cases}$

（李迪，1984）[349]。

9.9 李善兰定理

1872 年，李善兰在艾约瑟编辑的《中西闻见录》第二、三、四期连续发表了"考数根法"一文（"数根"即素数），后来有好几种期刊转载了这篇论文。

这是中国数学史上首篇素数论专题研究。论文不长，真正文字（包括算式）在3500 字左右。

李善兰在"考数根法"论文中，提出了"数根"（即素数）的判定定理。有人称它为李善兰定理（李迪，2004）[492]。

9.10 李善兰数

李善兰在《垛积比类》一书中，有两张开方式系数表，提出了造表的方法，其中使用了两个重要数，即 l_k^p 和 l_k^m，被称为"李氏数"。l_k^p 称为"第一种李氏数"，l_k^m 称为"第二种李氏数"。第二种李氏数推广，又得"李氏多项式三角形"。（李迪，2004）[434]。

9.11 华蘅芳公式和数

清代著名翻译家、数学家华蘅芳（1833～1902），少年时酷爱数学，遍览当时各种数学书籍，研究了中西数学的不同风格和各自的长处，青年时他到上海向李善兰学习西方微积分等。1868 年在江南制造总局内的翻译馆工作，与他人合译介绍西方先进的科学技术，他是李善兰之后引进西算影响最大的人。

华蘅芳在《积较术》卷一"论积较之理"，讲述有限差分之理论中，由组合符号

$$\binom{n+i-1}{i} = \frac{n\ (n+1)\ (n+2)\ \cdots\ (n+i-1)}{1 \cdot 2 \cdot 3 \cdots i}$$

$$\binom{n}{i} = \frac{n\ (n-1)\ (n-2)\ \cdots\ (n-1)}{1 \cdot 2 \cdot 3 \cdots i}$$

证得

$$(-i)^i \binom{-n}{i} = \binom{n+i-1}{i}$$

这便是重要的华蘅芳基本差分公式，叫做"华蘅芳公式"。

由此还可推导出"华蘅芳内插公式"：

$$a_n = \sum_{i=0}^{n} \binom{n+i-1}{i} \Delta_0^i \quad (n \text{ 为整数})$$

这里 Δ_0^i 为"0 边积较"。

华蘅芳还通过造表解差分问题，其中的数被人将其命名为"第一种华氏数"以及"第二种华氏数"（李迪，2004）[501~502]。

9.12 曾炯之定理

曾炯之（1898～1940）留学德国，师从德国女数学家、抽象代数之母爱米·诺特（A. E. Noether，1882～1938）。曾炯之又是一位国际上早期进入抽象代数领域并作出了重要贡献的中国数学家。1933 年，他的论文中证明了一个重要定理"设 Ω 为代数封闭域，则 $\Omega(x)$ 上所有的以 $\Omega(x)$ 为中心的可除代数只有 $\Omega(x)$ 自己"。这个定理被称为"曾炯之定理"。

在另一篇论文的一个定理，与外国数学家 S. 兰（Lang）一起称为"曾-兰定理"，而 C_i 域称为曾层次。（吴文俊，1995）[1535～1536]。

9.13 周炜良坐标、定理

我国数学家周炜良（1911～1995）在微分方程、微分几何、代数几何、拓扑学等方面有较深的研究。

1937 年发表博士论文中，人们将配型的坐标称为著名的"周炜良坐标"。

1939 年，发表的"关于一阶线性偏微分方程组"中，将数学家卡拉泰奥多里（C. Carathèodory）1909 年的一项工作推广到一般高维流形，被称为"周炜良定理"。

1950 年前后，还和日本数学家小平邦彦（K. Kodaira）合作论文中一个结论，被称为"周-小平"定理。

此外，还有"周炜良簇"、"周炜良环"等成果（吴文俊，1995）[1681～1683]。

9.14 樊畿定理

美籍华人数学家樊畿（1914～）于 1936 年毕业于北京大学，他在拓扑学、运筹学等领域作出了重要的贡献。

樊畿在不动点理论研究中保持着领先水平，非线性分析的教科书和著作中，都能找到以他的名字命名的定理、引理、不等式。如"樊畿不等式"、"樊畿优势定理"等。（吴文俊，1995）[1750～1752]。

9.15 柯召定理

四川大学数学教授柯召（1910～2002），在数论、组合论、代数等方面有突

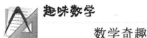

出贡献。

1938 年爱尔特希（P. Erdos，1913～1996）提出猜想：不定方程

$$x^x y^y = z^z$$

当（x，y）＝1 时无整数解。柯召证明了当（x，y）＞1 时有无穷多组解。

柯召在 1961 年发表的组合数学论文，其中一个主要结果被称为"柯召定理"或"爱尔特希-柯-拉多定理"（程民德，1995）[172]。

9.16 华氏定理

华罗庚（1910～1985）是自学成才的数学泰斗，一生发表 200 多篇论文，10 部专著，10 余部科普著作。他是我国解析数论、典型群、矩阵几何、自守函数与多复变函数等方面研究的创始人与奠基者，是世界著名数学全才，享有崇高的国内外声誉，为了纪念他的成就，中国数学会设立"华罗庚数学奖"。

1938 年，华罗庚证明了数论中"几乎全体偶整数都能表示成两个素数之和"。也就是说，哥德巴赫猜想几乎对所有偶数都成立，被誉为"华氏定理"（王樵裕等，1983）[95]。

9.17 华-王方法

著名数学家华罗庚和著名数学家王元（1930～）曾先后是中国科学院数学研究所所长、研究员。

王元，他在数论上用高度技巧，成功地将各种筛法综合起来运用，得以证明了哥德巴赫猜想"3＋4"和"2＋3"的重要结果，这是中国学者在哥德巴赫猜想的研究领域跃居世界领先地位之一，其成果为国内外有关文献频繁引用。

自 1960 年以来，华罗庚与王元在筛法及其应用方面，作了系统的研究工作，证明了"2＋3"（即充分大的偶数可以表为一个不超过两个素因子积及一个不超过三个素因子积之和），开拓了用代数数论方法去研究多重积分近似计算的新领域。他们的方法或数据被国际数学界誉为"华-王方法"或"华-王参数"（《科学报》，1985-4-28）。

9.18 吴文俊公式

我国数学家吴文俊（1919～），在拓扑学、中国古代数学史和数学机械化等领域，作出了杰出贡献。他早年从事拓扑学研究，在示性类、示嵌类等方面获得一系列成果。1950 年发现关于示性类公式，这是拓扑学中基本公式，被国际数学界命名为"吴文俊公式"或"吴方法"或"吴示性类"、"吴示嵌类"和"吴方法"。

20 世纪 70 年代，年近花甲的他开始数学机械化的研究，他发明了用电脑证明（国际上叫"自动推理"）初等几何、高等几何等数学的新方法，开拓了一个崭新的数学领域，对数学革命产生深远的影响。他的方法被国际学术界誉为"吴方法"和"吴消元法"。

9.19 陈氏定理

著名数学家陈景润（1933～1996）1953 年毕业于厦门大学数学系，被分配到北京当中学数学教师。1954 年回厦门大学任图书资料员。在此期间痴迷于数论的学习与研究，写出数论方面的论文，受到华罗庚的赏识，不久调入中国科学院数学研究所工作。其主要贡献在解析数论方面。

20 世纪 50 年代，他就对圆内格点问题、球内格点问题、华林问题等已有的结果作出了重要推进。60 年代又对筛法及有关问题进行了深入研究，特别是他不顾身体健康，拼命地攀登哥德巴赫猜想。1966 年证明了"每一个充分大的偶数都能够表示为一个素数及一个不超过二个素数的乘积之和"简称作"1＋2"。其证明又经过几年的补充修改，于 1973 年公开在《中国科学》上发表"大偶数表为一个素数及一个不超过二个素数的乘积之和"即"1＋2"。

陈景润改进了 1966 年宣布的数值结果以后，立即在国际数学界引起了轰动，被公认是对哥德巴赫猜想的重大贡献，"是筛法理论光辉的顶点"。被国际数学界称为"陈氏定理"。

几十年过去了，"陈氏定理"是至今攻克"哥德巴赫猜想"只差一步的世界最好结果。由于这个定理的重要性，人们曾先后对它给出至少五个简化证明。

10 数学背后的故事

先讲一个神话故事。

从前，甲、乙两人去寻金，遇到一位神仙。神仙用手一指，一块块石头都变成了金子。甲大喜，马上捡起金子，装满了包。而乙却一直站着不去捡金子，神仙好奇地问他："你怎么不捡这些金子？"

"我只要你这只点石成金的手指？"乙回答。

乙真是个聪明人，若他有了"点石成金"的手指，难道还怕没有金子吗？正像哲人常说："授人以鱼，仅供一餐之需，授人以渔，则受益终身。"

我们在学习或研究数学时，要练就一身"点石成金"的本领，去夺取胜利。

数学来源于实际，数学家是揭示数学秘密的主力，又是智力奋斗者，他们经历各异，最终成为数学家。而学习或研究数学也有"点石成金"的秘密。本章就数学家的智力奋斗史和学习数学"点石成金"的方法，作一简介，顺便介绍一些古人勤奋学习的启示。

10.1 数学家的奋斗史

什么是数学家？有数学家给出解释：以纯粹或应用数学或教学为职业的人，他们至少在国内外第一流科学杂志发表过一篇有创见的数学论文者视为数学家。又有学者说：数学家是在探索与运用数学规律的科学实践中取得卓越成就的科学劳动者。

历史是一面镜子，数学家是其中一面"人镜"。人需要榜样或偶像的，因为榜样的力量是无穷的。他们可以激励人生奋斗目标。

但是成为一个数学家，不是一蹴而就，是他们勤学苦读，博采众长，艰苦奋斗，披荆斩棘，锲而不舍，执著追求，守得住清贫，耐得住寂寞，坚持就是胜利。但是他们各自的经历也不尽相同，如有的是开拓者，勇往直前；有的是继承发扬者，继往开来；有的或少年早慧，头角峥嵘；或中年奋发，大器晚成；或天资聪颖，坚忍不拔；或天性鲁钝，以勤补拙；或出身贫寒，困苦玉成；或生于名门，献身科学；或步踏青云，皓首穷研；或人生坎坷，卧薪尝胆；或英年早逝……总之，他们治学精神、执著奉献数学的事迹，可以启迪我们实现人生的价值。

他们经历不同，下面扼要举例：

1. 布衣数学家

数学家有官宦与富商子女，但大多是贫寒家庭子女，如华罗庚、牛顿、高斯、嘉当、勒贝格、拉马努金等都是出身柴门。但他们聪慧勤奋，严谨细致。

2. 创新发明多在青年时期

英国数学家哈代说："数学是青年人的游戏。"的确，数学家在 30 岁左右作出重大数学成就者多。但在 20 岁左右作出重大成果的也大有人在。如牛顿 23 岁创立微积分；法国帕斯卡 12 岁自立定义，独自证出"三角形内角和定理"，16 岁写出圆锥曲线论文，发现"帕斯卡六边形定理"，19 岁发明了第一架手摇机械计算机；高斯 10 岁发现等差数列求和规律，17 岁发现正十七边形的规尺作图，21 岁完成数论经典《算术研究》；挪威阿贝尔 22 岁证明高次方程求根公式不存在；法国伽罗瓦 20 岁创立群论；印度拉马努金 12 岁独立证明欧拉公式 $e^{i\theta} = \cos\theta + i\sin\theta$，26 岁前发现 120 个定理和公式；德国 F. 克莱因 23 岁发表用群论统一各种几何的"埃尔兰根纲领"；华罗庚 18 岁写出一篇论文，指出某教授五次方程式解法不成立。

当然，五六十岁的也有创新发明者，如我国吴文俊 50 多岁创立电脑证明；还有国外数学巨星，如德国中学教员魏尔斯特拉斯；法国庞加莱；德国数学之王希尔伯特、克罗内克、嘉当等，他们在 50 多岁时还继续创造出出色的数学理论。

此外，起步晚的如德国几何学家斯坦纳，14 岁是文盲，22 岁考入大学，38 岁才成为大学教授，大器晚成。

3. 自学成才

大数学家中，不乏自学成才者，如华罗庚、印度拉马努金、法国女数学家热尔曼和韦达、俄国女数学家柯瓦列夫斯卡娅……

4. 身残志坚

数学家中有一些人身残志坚，不懈努力成为著名数学家，如意大利口吃的塔尔塔利亚；从小体弱多病，手不灵便的法国庞加莱；足残的华罗庚和俄国的切比雪夫；小儿麻痹症导致足残的陆启铿；盲人数学家卫朴、时日醇、欧拉（晚年）等；特别是 14 岁因化学实验事故而双眼失明的俄国邦特里耶金，在母亲伴读下成为大学教授，他说："妈妈的光明拐杖使我走向高峰。"

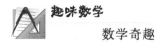

5. 小城镇和乡村也出人才

大批数学家住巴黎、柏林、伦敦等不足为奇，但在一些小城镇或是乡村出大数学家的也屡见不鲜。如在德国哥尼斯堡（苏联加里宁格勒）的小城镇出生的大数学家有希尔伯特、哥德巴赫、克利布施（R. F. A. Clebsch，1833～1872，哥廷根大学教授），这个小镇人杰地灵，也是"哥尼斯堡七桥问题"的故乡。

此外，江苏金坛的华罗庚、云南边陲弥勒县竹园坝的熊庆莱、生于浙江平阳县带溪村的苏步青、生于浙江嘉兴县的陈省身……

6. 坚忍不拔

数学家的性格中有永不收敛的好奇心和不染世俗的独立能力，他们对科研守得住清贫，耐得住寂寞。如陈景润从 1957 年至 1966 年 10 月证明了哥德巴赫猜想"1＋2"；英国怀尔斯从 1986 年到 1995 年约 10 年证明了 300 多年来没有攻克的费马猜想；集合论创始人康托尔；创立非欧几何之一的罗巴切夫斯基；法国的彭赛列在狱中写出近世几何。他们勇于创新，不畏非议，锲而不舍，坚持就是胜利。

7. 信仰多样性

有的数学家是虔诚的宗教徒，如柯西、笛卡儿等是天主教徒，梅森是神父，大部分人则是无神论者，如英国哈代视上帝为自己的仇敌；微积分发现者莱布尼茨则"披着宗教的外衣反宗教"。但有个别数学家走向人民的对立面，如德国数学家、函数论权威比伯赫成为纳粹，德国 O. 泰希米勒成为希特勒的炮灰和殉葬品。

8. 专心和执著奉献数学

有许多数学家为了数学事业废寝忘食，卧薪尝胆，淡泊名利，甚至终生未婚。如牛顿、莱布尼茨、第一位女数学家希腊的希帕蒂娅、笛卡儿、阿贝尔、伽罗瓦、魏尔斯特拉斯、切比雪夫、哈代、德国女数学家爱米·诺特等，他们把毕生精力和才智献给人民事业。他们献身数学，不图安逸，科研有术，教学有方。

9. 神童与愚童

此外还有数学智力超常的"神童"，如张邱建、梅文鼎、何鲁、高斯、莱布尼茨、拉马努金等。也有慢班学生"愚童"，如牛顿、伽罗瓦、希尔伯特、苏步青、张广厚等。

10.2 发奋学习早为好

华罗庚出身寒门，初中毕业后，因交不起学费而不能进入高中继续读书，只好在家一边帮父亲经营一个小杂货店，一边利用晚上在昏暗的油灯下自学数学。后来自学成才，成为大数学家。他十分关心青少年，鼓励青少年努力学习，他的名言"聪明在于学习，天才在于积累"，这是人生治学、科研的精辟经验总结，是行之有效的真理。他有一首勉励青少年的诗：

> 发奋早为好，苟晚休嫌迟。
>
> 最忌不努力，一生都无知。

是的，发奋早为好，即使起步晚了，也休嫌迟，只要肯上进，总会成功的。"最忌不努力，一生都无知。"

1. 珍惜时间

劝君早学习、早发奋，其核心是珍惜时间。

时间是推你驶向事业成功彼岸的波涛，又是将你抛至无所作为浅滩的巨浪。我们要从少儿起抓紧时间，惜时如金，用智慧开掘时间的宝藏，否则，时间像蒙面杀手最是冷酷无情的，擦肩一过，你不知不觉，就把划痕刻上你的额头，永难抚平。

古今中外，凡是有所成就的人，无不十分珍惜时间，这方面例子很多，略举数例，如

著名数学家苏步青（1902～2003），出身农村，小时候在家放牛，躺在草地上，津津有味地看《三国演义》，有时骑在牛背上背诵《唐诗三百首》。读小学时，爱耍爱玩，在班里 32 名学生中成绩倒数第一名，后来在老师耐心教育下，从倒数第一名变为全班第一名。

抗日战争时期，苏步青随浙江大学辗转迁徙，到贵州湄潭。生活极端困难，吃山芋蘸盐巴，但仍坚持在山洞里办数学讨论班，抓紧时间培养人才，后来他成为微分几何大师，被国际数学界誉为"东方国度上升起的灿烂的数学明星"。

又如，我国人民教育家陶行知（1891～1946）曾翻译一首英国人写的诗"今天"说：

> 每逢太阳上升，
>
> 想到开始一生。
>
> 明天已被埋葬，
>
> 让它睡得沉沉。

> 只有今天可贵，
>
> 紧紧抓住在手。
>
> 教它由你支配，
>
> 变为你的朋友。

> "今"为光阴骄子，
>
> 人有高贵精神。
>
> 你俩天作之合，
>
> 前进，勇敢，完成！

我国古人还劝人珍惜时间，如南宋哲学家、教育家朱熹（1130～1200）。有一天，秋风阵阵，吹黄了梧桐的叶子，片片飘落下来，随风在地上翻卷。他站在屋檐下，望见飘落的梧桐的叶子，想到自己头发白了，还有很多事想做没有来得及做，不禁感慨万千说："光阴似箭，岁月如流啊！"

"嘻嘻。"一阵青少年打闹的笑声传来。

"年轻人不懂得珍惜时间。"他叹息着："只有过来人才更知道过来的时间的可贵！"想着，想着，诗兴油然而生。他低头思索片刻，吟道：

> 少年易老学难成，
>
> 一寸光影不可轻。
>
> 未觉池塘春草梦，
>
> 阶前梧叶已秋声。

朱熹吟罢，连忙回书房写在纸上。劝人珍惜时间。

显然，世界上唯有时间宝贵，少年朋友的任务是学习、学习、再学习！要想学业有成就得珍惜每一天的分分秒秒的光阴，抓住"今天"才能创造"明天"！

2. 持之以恒

学习除珍惜时间外，还要持之以恒，讲究方法，要躬行，理论联系实际，多练习。

德国诗人、剧作家和思想家歌德（1749～1832）是一个持之以恒的人，他写的诗歌悲剧《浮士德》前后共花近 60 年时间才完成。为此，他对时间的宝贵价值颇有感触，在一首诗中他写道：

> 我的产业多么美，
>
> 多么广，多么宽！
>
> 时间是我的财产，

我的田地是时间。

一天，歌德走进儿子卧室，偶然看见他儿子在纪念册扉页里写有这样一句话："人生在这里有两分半钟的时间，一分钟微笑；一分钟叹息，半分钟爱；因为在爱的这半分钟中间他死去了。"看到这里，歌德摇摇头，提起笔在纪念册的扉页上写了这样几句话：

> 一个钟头有六十分钟，
>
> 一天就超过了一千。
>
> 小儿子，要知道这个道理，
>
> 人能够有多少贡献。

3. 古人教子读书诀窍

南宋大诗人陆游（1125～1210）现存的9300余首诗中，专门以诗教育子孙的诗有200余首，下面是首1199年写的《冬夜读书示子聿》，教育儿子一是要从小下苦工夫读书学习，二是要在实践中学习，诗曰：

> 古人学问无遗力，少壮工夫老始成。
>
> 纸上得来终觉浅，绝知此事要躬行。

意思说，古人做学问都是不遗余力地努力，要想在学业上有所成就，就要从小下工夫，坚持不懈地学习。光靠学习书本上的知识是不够的，理解得很肤浅。要想全面、深入地理解知识，还得要靠亲身实践。

读书学习要讲究方法。北宋郑侠（1041～1119），曾总结自己的读书经验，用来教导子孙认真读书。他指出读书的诀窍，一是"定身"即要首先能坐下来读书；二是"神凝"即全神贯注，精神集中；三是"眼见、口诵、耳听"，即调动感官学习；四是"神默省记"，即认真思考，在理解的基础上记忆。这就是成功的读书学习方法。正如他在诗中写道：

> 是以学道者，要先安其身。
>
> 坐欲安如山，行若畏动尘。
>
> 目不忘动视，口不忘谈论。
>
> 俨然望而畏，曝慢不得亲。
>
> 淡然虚而一，志虑则不分。
>
> 眼见口即诵，耳识潜自闻。
>
> 神焉默省记，如品味甘珍。
>
> 一遍胜十遍，不令人艰辛。

诗的意思说，有志于学道理的人，就要首先坐下来安心读书，身子要安稳如山，走路也要轻缓，不能弄得尘土飞扬。读书时眼睛不要东张西望，也不要随便说话。要严肃认真，使人钦佩，但不要傲慢，让人不敢亲近。读书时心境要宁静，专心致志，思考问题才会有条不紊。边看边读，边读边听，牢牢记住。在理解的基础上记忆，就会感到像吃着美味可口的食品那样。像这样读书，事半功倍，效果很好，收获很大，而且不会使人感到读书学习的艰苦，能体会到读书学习的乐趣。

4. 克服困难，勤奋学习

读书学习若遇到困难，必须努力克服。学习中可能有哪些困难或问题呢？怎样克服呢，古人为我们树立了榜样，如：

一是书或资料的困难。由于买不到书或买不起书，当缺少参考资料时，古人怎么办？如东汉哲学家王充（27～约97），他小时候家里穷，买不起书，就常常到洛阳的市场上去，读人家放在那里出卖的书，凭他的记忆力，把这些书的内容记住，终于博通众流百家之言，写出有名的著作《论衡》（原文见《后汉书·王充传》）。

今天购书或书目的信息多，图书馆或书店的书不少，可供参阅。或向他人借。重要内容还可以复印，因此，这个困难是可以克服的。

二是古人读书需要灯油纸笔。今天的条件大大优于古人，这个问题今人不存在问题，但古人存在。他们解决的精神值得学习，如晋朝的孙康，小时爱读书，但家里穷，买不起灯油，于是在冬天的晚上，冒着严寒，借着积雪的反光读书（如《渊鉴类涵》卷二〇二："孙康家贫，无油，尝映雪读书"）。

还有古人用萤火虫之光读书。而今天的条件不同了。

三是求师难。古代学校少，有专业知识教师难觅，但古人克服了困难进行学习。最感动人的是明代学者宋濂在《送东阳马生序》中自述的苦学经过，从中可以了解出身寒门的青少年人学习情况，这是中国古代的典型代表，值得一读："余幼时即嗜学，家贫，无以致书以观，每假借于藏书之家，手自笔录，计日以还。天大寒，砚冰坚，手指不可屈伸，弗之怠。录毕，走送之，不敢稍逾约。以是人多以书借余，余因得遍观群书。既加冠，益慕圣贤之道，又患无硕师、名人与游，尝趋百里外，从乡之先达执经叩问……当余之从师也，负箧曳屣，行深山巨谷中，穷冬烈风，大雪深数尺，足肤皲裂而不知。至舍，四肢僵劲不能动，媵人持汤沃灌，以衾拥复，久而乃和。寓逆旅主人，日再食，无鲜肥滋味之享。同舍生皆被绮绣，戴珠缨宝饰之帽，腰白玉之环，左佩刀，右备容臭，烨然若神人；余则缊袍敝衣处其间，略无慕艳意。以中有足乐者，不知口体之奉不若人也。"（大意说：我小的时候喜欢研究学问，家里穷，弄不到书，只好到有书的人家借，亲自抄写，约定日子还。大冷天，砚台结了冰，手指冻得弯不过来，还是赶着抄，抄完了送回去，不敢错过约定的日子。因为这样，人家才肯借书给我，我也才能读很多书。到了成年，越发想多读书，可是没有好教师，只好赶到百里路外，找有名望的老先生请教……当我去求师的时候，背着行李，走过深山巨谷，冬天大风雪，雪深到几尺，脚皮裂开了也不知道，到了客栈，四肢都冻僵了，人家给喝了热水，盖了被子，半天才暖和过来。那时一天吃两顿，穿件破棉袍，从不羡慕别人吃得好，穿得好，也从来不觉得自己寒碜。因为求得知识是最快乐的事情，别的便不理会了)。

四是强调工作忙（或今学校功课多）没有时间读书。如三国吴王孙权对其将领说："你们现在都掌权管事了，要好好学习，求得进步。"名将吕荣说："在军队里苦于事情多，怕不能有读书时间了。"孙权说："我又没有叫你们专搞经学作博士（即做专家），只是希望你们多翻翻书，知道过去的经验。"因此，今人学习古人，不能强调工作（或学生学习）忙少读书。特别是学生，应读点课外书，特别是科普书籍。

五是认为自己天资不好，学习难以成功。如孔子门徒曾参天资本来不好，由于他努力，所以"圣人之道卒于鲁也传之"（大意说，圣人的道理，终于是由天资差的人传下来）。《文史通义》的作者章学诚年轻的时候很愚钝，记忆力很差，在私塾里读书，一天要读熟百把字都很吃力，但他并不因此气馁，仍是日夕披览，孜孜不倦，后来终于成了学识比较渊博的人。

六是借口年龄大（或不是少年）而怕学习困难，如汉朝刘向的《说苑》上有这样一个故事。晋平公对师旷说："我今年七十岁，要想学习，恐怕太晚了。"师旷说："你为什么不点上蜡烛呢？"晋平公说："臣子怎么好戏弄君主？"师旷说："我怎么敢戏弄您啊！我听说，少而好学，就像在初升的太阳下走路；壮而好学，就像在正午的日光下走路；老而好学，就像点起明亮的蜡烛走路。天晚了，有了明亮的蜡烛，比起在黑暗中摸索着走路，哪个强啊？"晋平公忙说："对极了，对极了！"

古代学者中壮而好学和老而好学的不乏其人。如传说荀子（公元前286～前238）到50岁才开始游学；汉代公孙弘，年轻时替人放猪，一直到40多岁才学《春秋》，后来成了有名的学者。宋朝的苏老泉27岁才开始发奋读书，后来和他的两个儿子一同成了著名的文学家。

思考题参考答案

思考题 1

$$3^{24}-1=(3^{12}+1)(3^{12}-1)$$
$$=(3^{12}+1)(3^6+1)(3^3+1)(3^3-1)$$
$$=(3^{12}+1)(3^6+1)(3+1)(3^2-3\times1+1^2)(3-1)(3^2+3\times1+1^2)$$
$$=(3^{12}+1)(3^6+1)\times4\times2\times91$$

所以 $3^{24}-1$ 有约数 91。

思考题 2 如图 1 所示，设邑方 FC 为 x 步，则 $AC=\dfrac{x}{2}$。

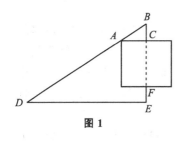

图 1

因为 $\triangle ABC\backsim\triangle DEB$，所以 $\dfrac{BC}{AC}=\dfrac{BE}{DE}$，即

$$\dfrac{20}{\dfrac{x}{2}}=\dfrac{20+x+14}{1775}$$

整理得 $x^2+34x=71000$，解方程，得 $x_1=250$，$x_2=-284$（舍去）。

答：方城边长为 250 步。

思考题 3 将题中所说妇、骡、袋、面包、刀、鞘排列出来，则得等比数列：

$$7,\quad 7^2,\quad 7^3,\quad 7^4,\quad 7^5,\quad 7^6$$

根据等比数列前 n 项和公式

$$S_6=7+7^2+7^3+7^4+7^5+7^6=\frac{7(7^6-1)}{7-1}=\frac{7(117649-1)}{7-1}=137256$$

答：妇、骡、袋、面包、刀、鞘共有 137256 赴罗马。

思考题 4 设这块牧场的原有草量为 a，每天生长的草量为 b，每头牛一天吃草量为 c，x 头牛在 96 天内能把牧场上的草吃完，根据题意，得

$$\begin{cases} 24\times70c=a+24b & (1)\\ 60\times30c=a+60b & (2)\\ 96\times xc=a+96b & (3) \end{cases}$$

由 (2) － (1)，得

$$36b=120c \qquad\qquad (4)$$

由 (3) － (2)，得

$$96xc=1800c+36b \qquad (5)$$

将（4）代入（5），得 $x=20$。

答：牧场上共有 20 头牛。

说明 本题巧妙解法之"巧"在：参变量 a，b，c 设而不求其值。这就是大科学家牛顿在《广义算术》中所说的："在学习科学的时候，题目比规则还有用些。"

思考题 5 因泥团总重 8 斤 8 两，折合为 $8 \times 16+8=136$（两），而 1 两 $=24$ 铢，故泥团有

$$136 \times 24=3264 \text{（铢）}$$

又因为一个小泥丸重 1 两 8 铢，化为 24 铢 $+8$ 铢 $=32$ 铢。

所以 $3264 \div 32=102$。

答：老公公今年 102 岁。

思考题 6 设蜂群有 x 只，根据题意，得

$$\sqrt{\frac{x}{2}}+\frac{8}{9}x+2=x$$

解之，得 $x=72$。

答：蜂群共有 72 只。

思考题 7 如图 2 所示，连接 AE，

$$\text{Rt}\triangle ACD \cong \text{Rt}\triangle CFE$$

所以 $\angle 1=\angle 3$，$\angle 1+\angle 2=\angle 3+\angle 2=90°$，
所以 $EC \perp AC$。

又因为 $S_{\text{梯形}ABFE}=S_{\triangle ABC}+S_{\triangle AEC}+S_{\triangle CFE}$，

$$\frac{1}{2}(a+b)(a+b)=\frac{1}{2}ab+\frac{1}{2}c^2+\frac{1}{2}ab$$

$$\frac{1}{2}a^2+ab+\frac{1}{2}b^2=ab+\frac{1}{2}c^2$$

所以

$$a^2+b^2=c^2$$

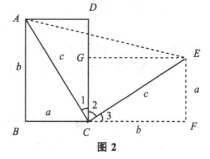

图 2

思考题 8 设两套服装的成本分别为 x，y（元），根据题意，得

$$x\left(1+\frac{20}{100}\right)=168$$

$$y\left(1-\frac{20}{100}\right)=168$$

解得 $x=140$，$y=210$。

$$168 \times 2-(140+210)=-14$$

显然：赔 14 元，应选（D）。

思考题 9 （1）分法（即作图方法）如图 3 所示。

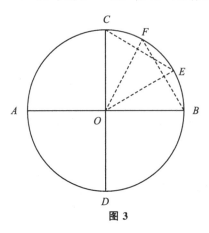

图 3

①（求作圆心）用直尺任作一直线与圆交于两点，得一弦（图中未作出），用规尺作此弦的垂直平分线，得一直径，设为 AB，再用规尺作 AB 的垂直平分线，得另一直径 CD。这样，CD 与 AB 是互相垂直的直径，其交点为圆心 O。

②分别以 B，C 为圆心，以半径 OB 的长在 $\overset{\frown}{BC}$ 上截取 $\overset{\frown}{CE}=\overset{\frown}{BF}$，连接 OE，OF，则扇形 BOE 面积＝扇形 EOF 面积＝扇形 FOC 面积。

故每人各得大扇形 AOC 和小扇形 BOE 各一块，即每人得 4 个相等的大小扇形，这样就分得均又平。

证明 如图 3 所示，连接 BF，CE，则△BOF，△EOC 均为等边三角形，所以

$$\angle FOC=\angle BOE=30°$$

所以∠$EOF=30°$。

由此可得 3 个相等的小扇形 BOE，EOF，FOC 的面积，这样的扇形共有 12 个，故每人平均 4 个。

（2）如正文图 2-2（此略）$S_B=S_C$。因为

$$4S_A+8S_B=4×S_{小圆}=S_{大圆}=4S_A+4S_B+4S_C$$

故 $4S_B=4S_C$，所以，$S_B=S_C$。

思考题 10 移动后的等式为

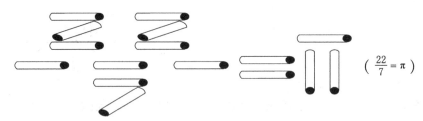

$$\left(\frac{22}{7}=\pi\right)$$

取 $\frac{22}{7}$（$\approx3.14\cdots$）作为圆周率的一个近似值，我国叫做约率，最早为古希腊"数学之神"的阿基米德所知，我国祖冲之也独立发现。

但接近 π 的一个最好的近似分数值为 $\frac{355}{113}$（$\approx3.141\,592\,9\cdots$）是祖冲之最早发现，被称为"密率"，又被誉为"祖率"。

思考题 11 设原来的币值为 a，则贬值后的币值为 $a(1-12\%)$。又设一年后增值 x（百分数），仍能保值。根据题意，得

$$\left[a\left(1-\frac{12}{100}\right)\right](1+x)=a$$

解得 $x\approx13.64\%$，所以应填 13.64。

思考题 12 用 2、3、5、7 四个素数填入"$\boxed{\times}$"格内，其余三个合数 4、6、8 填在其余三空格里，如图 4 所示，这时已满足条件（1）；再将素数与素数之间或合数与合数之间作适当对换，使满足条件（2）的要求。图 5 是其中一解。

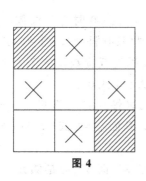

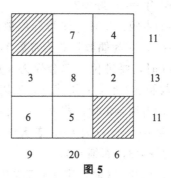

图 4　　　　　　图 5

思考题 13 解法很多，此举两种简单解法。

解法 1（割补法）　如图 6 所示，延长 CB 到 F，使 $BF=DE$。连接 AF，AC，AD。

因为 $AB=AE$，$\angle ABF=\angle AED=90°$，所以 $\triangle ABF\cong\triangle AED$，所以 $AF=AD$。

又 $CF=CB+BF=BC+DE=1=CD$，

$$AC=AC$$

所以 $\triangle ACF\cong\triangle ACD$。

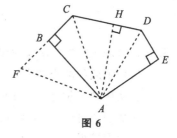

图 6

所以

五边形 $ABCDE$ 的面积＝四边形 $ADCF$ 的面积 $=2S_{\triangle ACF}=2\times\dfrac{1}{2}\times1\times1=1$

注　延长 DE 到 F'，使 $EF'=BC$（图 6 未作出），可类似求解。

解法 2（利用特殊图形）　如图 6 所示，过 A 作 $AH\perp CD$，H 为垂足，因为 $BC+DE=1$，所以可令 $BC=DE=\dfrac{1}{2}$，置图形于特殊情形，但没有改变图形的本质属性。

于是 $AC=AD$，垂足 H 为 CD 的中点，所以

$$\triangle ABC\cong\triangle AHC\cong\triangle AHP\cong\triangle AED$$

所以

$$五边形\ ABCDE\ 的面积 = 4S_{\triangle ABC} = \frac{1}{4} \times \frac{1}{2} \times 1 \times \frac{1}{2} = 1$$

思考题 14 （1）①在圆圈内不能填"÷"号，否则会出现分数，只能填加减乘号。但是不能填"－"减号。故所求算式为

$$9 \oplus 13 \otimes 7 = 100$$

$$② 14 \ominus 2 \ominus 5 = \boxed{2}$$

（2）从 1993 年入手思考，从最后一、二个被加数开始，得所求的 祝＝1，你＝7，新＝9，年＝4，好＝3。

（3）分析①当胆≥3 时，便为五位数；若胆＝0 时为三位数；若胆＝1 时，则 4×细＝胆＝1，左为偶数，右为奇数 1，故只有胆＝2，细＝3 或 8。

②当大≥3 时，要进位，细会变为 9 或积为五位数，由①和竖式知大≤2。当大＝2 时（与胆＝2 重复）不成立，所以大＝1 或 0。

③从①知，当细＝3 时，若大＝0，由 4×细＝3×4 要进位，而 4×心是偶数，不可能使大＝0，所以大≠0，若大＝1，从而心＝5 或 0，又 4×大≠5 或 0，所以大＝1，故细≠3，而细＝8。

④从①知，当细＝8 时，则 4×细要进位 3，而 4×心是偶数。又大≠0，只有大＝1，从而心＝7，故所求算式为

$$
\begin{array}{r}
2178 \\
\times \quad\quad 4 \\
\hline
8712
\end{array}
$$

显然，2178 与 8721 互为逆序数。

（4）①从积的个位是 1 可知，$e = 7$。

②从积的个位是 7，可知 $3 \times d$ 的个位数为 7，则 $d = 7 - 2 = 5$。

③从积的百位 $d = 5$ 可知，$c = 8$。

④同理推得 $b = 2$，$a = 4$。

故所求算式为

$$
\begin{array}{r}
142857 \\
\times \quad\quad 3 \\
\hline
428571
\end{array}
$$

（5）显然除数不为 1。

①由被除数的个位上的数字为 5，便知除数只能是 3、5、7、9 中的一个。

②由竖式知，被除数千位上的数字为 1，否则余数的首位大于 9。同样，第一余数的首位为 1，这样便知被除数的百位上的数字为 0，于是除数只能为 3 或 9。

③当除数为 3 时，第一余数为"1×"，这时若其个位数字为 0，第二余数为

15 被 3 整除，但数字重复了；若个位上数字为 1，也一样重复，且 25 不能被 3 整除。若个位上的数字为 2 或大于 2，则与竖式要求不合，故除数不能为 3，则必为 9。显然被除数十位上的数字为 3，即 $1035 \div 9 = 115$，其算式复原为

$$
\begin{array}{r}
115 \\
9\overline{\smash{\big)}\,1035} \\
\underline{9} \\
13 \\
\underline{9} \\
45 \\
\underline{45} \\
0
\end{array}
$$

（6）用开平方的方法（或参考查表）可得

① $1993744 = 1412^2$，

② $19936225 = 4465^2$。

（7）因 a，b，c 只能是 2、3、5、7 中之一，由 $a \times b \times c = 5(a+b+c)$ 可知 a，b，c 中必有一个为 5，不妨设 $a=5$，则 $b \times c = 5+b+c$，于是有 $(b-1)(c-1)=6$，不失一般性，设 $b \geqslant c$，则得

$$
\begin{cases} b-1=6 \\ c-1=1 \end{cases} \quad \text{或} \quad \begin{cases} b-1=3 \\ c-1=2 \end{cases}
$$

解之得 $b=7$，$c=2$ 或 $b=4$，$c=3$（不合舍去）。故得 $a=5$，$b=7$，$c=2$，即 $5 \times 7 \times 2 = 5(5+7+2)$。

思考题 15　设丢番图寿命为 x 岁，根据题意，得

$$
\frac{1}{6}x + \frac{1}{12}x + \frac{1}{7}x + 5 + \frac{1}{2}x + 4 = x
$$

解之得 $x = 84$（岁）。

思考题 16　（1）［剖析］　表面看不出毛病，但实际上无论用哪种方法定义平行线，"内错角相等"和"同位角相等"这两个定理中，总有一个必须证明"对顶角相等"这一结论才能证明，这里引用平行线中，间接隐蔽地循环使用了"对顶角相等"来证明。因此犯了循环论证的错误，违反了逻辑规则。

"两条直线相交，对顶角相等"的命题，最早是古希腊开创论证数学第一人的泰勒斯（Thales，约公元前 625～前 547）发现和证明。

我们看到见诸文字记载留传至今的是欧几里得《几何原本》中的命题 15。欧几里得证明如下：

如图 7 所示，$\angle A + \angle C$ 是平角（平角定义），$\angle B + \angle C$ 是平角，所以 $\angle A + \angle C = \angle B + \angle C$，所以 $\angle A = \angle B$（公理 3，等量减等量，其差相等）。

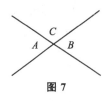

图 7

故　两条直线相交，对顶角相等。

这个命题太简单了，一眼就看出来了，但是，欧几里得没有凭直观、直觉和实验，而是根据定义、公理，进行逻辑证明，使它由命题变成永远正确的真理——定理（在欧氏系统里）。

所以，重要的不是命题本身，而在于提供了不凭直观和实验而用逻辑证明。这就是古希腊人表述科学真理的精神——重视论证数学。

（2）甲的解法正确。应为 $\log_b a > \log_{2b} a$。

乙的解法是错误的，错在最后一步。因为 $0 < b < \dfrac{1}{2}$，$a > 1$，所以 $\log_{2b} a < 0$，故由 $\dfrac{\log_b a}{\log_{2b} a} < 1$ 不能推出 $\log_b a < \log_{2b} a$，而应得到 $\log_b a > \log_{2b} a$。

思考题 17　（1）因为 $\{1^{1986}\} = 1$　（奇数）

$$\{9^{1986}\} = \{9^{4 \times 496 + 2}\} = \{9^2\} = 1 \quad \text{（奇数）}$$

$$\{8^{1986}\} = \{8^{4 \times 496 + 2}\} = \{8^2\} = 4 \quad \text{（偶数）}$$

$$\{6^{1986}\} = \{6^2\} = 6 \quad \text{（偶数）}$$

故　{原式} ＝1＋1＋4＋6＝12。获证。

或　{原式} ＝奇数＋奇数＋偶数＋偶数＝偶数。

（2）答：5。

（3）因 $\{73^{37^{12}}\} = \{73^{奇^{偶}}\} = \{73\} = 3$（根据结论1）。

或 $\{73^{37^{12}}\} = \{73^{(4 \times 9 + 1)^{(4 \times 3 + 0)}}\} = \{73^{1^0}\} = \{73\} = 3$。

（4）当 n 为奇数时，根据结论3有

$$\{9^{9^n}\} = \{9^{奇^{奇}}\} = \{9^9\} = \{9^{4 \times 2 + 1}\} = \{9\} = 9$$

当 n 为偶数时，根据结论1，

$$\{9^{9^n}\} = \{9^{奇^{偶}}\} = \{9^9\} = \{9^{4 \times 2 + 1}\} = \{9\} = 9$$

（5）因 $3^3 = 4 \times 6 + 3$，根据法则3，

$$\{4^{3^{3^3}}\} = \{4^3\} = \{64\} = 4$$

（6）解：因 $403 = 4 \times 100 + 3$，$109 = 4 \times 27 + 1$，$731 = 4 \times 182 + 3$，所以

$$\{2863^{731^{109^{403}}}\} = \{2863^{(4 \times 182 + 3)^{(4 \times 27 + 1)^{(4 \times 100 + 3)}}}\} = \{2863^{3^{1^3}}\} = \{2863^3\}$$

$$= \{3^3\} = \{27\} = 7$$

思考题 18　古今证法多种，今选一种。

如图 8 所示，$ABCD$ 为圆内接四边形，AC，BD 为对角线，要证 $AB \cdot CD + BC \cdot AD = AC \cdot BD$。

在 BD 上任取一点 P，使 $\angle PAB = \angle CAD$，则 $\triangle ABP \backsim \triangle ACD$，于是

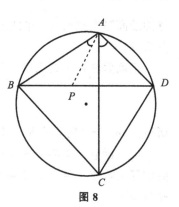

图8

$$\frac{AB}{AC}=\frac{BP}{CD}\Rightarrow AB\cdot CD=AC\cdot BP \qquad (1)$$

又

$$\triangle ABC\backsim\triangle APD\Rightarrow\frac{BC}{PD}=\frac{AC}{AD}$$

$$\Rightarrow BC\cdot AD=AC\cdot PD \qquad (2)$$

（1）＋（2）得

$$AB\cdot CD+BC\cdot AD=AC(BP+PD)=AC\cdot BD$$

思考题 19 1. 辨析：本题解法过程中，仅注意到一个显条件"方程有两个不相等的实数根"，由 $\Delta>0$，求出 $k>-\frac{1}{4}$，而忽视一个"隐条件"

原方程二次项系数不为 0。因 $k>-\frac{1}{4}$ 的解集中包含了 $k=0$。

正确解法：因 $\begin{cases}\Delta>0,\\ k\neq0,\end{cases}$ 即 $\begin{cases}[-(2k+1)]^2-4k\cdot k>0,\\ k\neq0.\end{cases}$ 解之，得 $k>-\frac{1}{4}$ 且 $k\neq0$。

2. 辨析：因为 $\sqrt{2-\sqrt{3}}<\sqrt{2+\sqrt{3}}$，所以

$$\sqrt{2-\sqrt{3}}-\sqrt{2+\sqrt{3}}<0$$

所以正确的结果应是 $x=-\sqrt{2}$。

3. 辨析：因没有注意题中的隐含条件，原式有意义的条件是 $a<0$，此时，$\sqrt{-a^3}=-a\sqrt{-a}$。

正确解法：

$$原式=(-a\sqrt{-a}+3a\sqrt{-a})\div a=2a\sqrt{-a}\div a=2\sqrt{-a}$$

4. 辨析与正确解法：因为 x_1 与 x_2 是方程的两实根，所以

$$\Delta=(-4m)^2-4\cdot2(2m^2+3m-2)\geq0$$

解之，得 $m\leq\frac{2}{3}$。

也就是说，当 $m=\frac{3}{4}$ 时，原方程已无实数根，这时，只需把 $m=\frac{2}{3}$ 代入

$$x_1^2+x_2^2=2\left(m-\frac{3}{4}\right)^2+\frac{7}{8}$$

便可得到，当 $m=\frac{2}{3}$ 时，$x_1^2+x_2^2$ 有最小值为 $\frac{8}{9}$。

5. 辨析：（1）要使所给函数是二次函数，必须同时满足已知函数式里自变

量的最高幂指数是 2，并且这一项的系数不等于 0。本题解法错误，错在没有顾及后者。

正确解法：由题意得

$$\begin{cases} m^2-2=2 \\ m-2\neq0 \end{cases}$$

所以当 $m=-2$ 时，它是二次函数。

（2）函数式里的项 $(m-2)x^{m^2-2}$ 中 x 的指数是关于 m 的代数式，若 m^2-2 的值等于零或 1 且一次项系数不为零时，所给函数也是一次函数，这在解法中被忽视了。

正确解法：由题意知，本题有三种情况

① $\begin{cases} m-2=0, \\ m+1\neq0, \end{cases}$ 所以 $m=2$。

② $\begin{cases} m^2-2=0, \\ m+1\neq0, \end{cases}$ 所以 $m=\pm\sqrt{2}$。

③ $\begin{cases} m^2-2=1 \\ m-2\neq0 \end{cases}$ 或 $\begin{cases} m^2-2=1, \\ m+1\neq0, \end{cases}$ 所以 $m=\pm\sqrt{3}$。

综上所述，当 $m=2$，$\pm\sqrt{2}$，$\pm\sqrt{3}$ 时，所给函数为一次函数。

6. 辨析：原题解法中漏掉了另一解，即原解法中，直径 AE 不在 $\triangle ABC$ 内，而在 $\triangle ABC$ 的一侧，如图 9 所示，此时同原解方法，求出

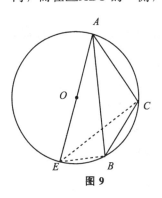

图 9

$$BE=\frac{2\sqrt{3}}{3}, \qquad CE=\frac{13\sqrt{3}}{3}$$

又用余弦定理，在 $\triangle ABC$ 中，求出

$$BC^2=73-48\cos\angle BAC$$

在 $\triangle BCE$ 中，

$$BC^2=BE^2+CE^2-2BE\cdot CE\cos\angle BEC$$

$$=\frac{4}{3}+\frac{169}{3}-2\times\frac{2\sqrt{3}}{3}\times\frac{13\sqrt{3}}{3}\cos\angle BAC$$

$$=\frac{173}{3}-\frac{52}{3}\cos\angle BAC$$

设 $\angle BAC=\angle A$，所以

$$73-48\cos A=\frac{173}{3}-\frac{52}{3}\cos A$$

解之，得 $\cos A=\frac{1}{2}$。

故本题所求角 A 的余弦为 $\cos A=\frac{23}{98}$ 或 $\cos A=\frac{1}{2}$。

7. 辨析：本题说，有 8 对相似三角形，不对。前面 7 对三角形是相似的，而最后一对不是。根据"相似三角形判定定理 1"，"证明"$\triangle AOB \backsim \triangle COD$ 错了。原因是把相似三角形判定定理 1，错误理解成"两边成比例且夹角相等"。而忽视了"对应"的两边成比例。

事实上，在 $\triangle AOB$ 和 $\triangle COD$ 中，$\angle 1$ 的两边 AO 和 BO，对应 $\angle 2$ 的两边是 CO 和 DO，仅是 $\triangle AOD$ 和 $\triangle COB$ 的对应边，并不是 $\triangle AOB$ 与 $\triangle COD$ 夹角 $\angle 1 = \angle 2$ 的对应两边。因此，得出 $\triangle AOB \backsim \triangle COD$ 是没有根据的。

从另一方面，我们可以用反证法证明本题中 $\triangle AOB$ 和 $\triangle COD$ 不相似。

假设 $\triangle AOB \backsim \triangle COD$，则 $AO : CO = BO : DO$，又因已知 $\triangle AOD \backsim \triangle COB$，故 $AO : CO = DO : BO$。由此可知 $BO = DO$，从而 O，H 和 G 三点重合，由此与题中的梯形 $ABCD$ 相矛盾。所以，$\triangle AOB$ 与 $\triangle COD$ 不相似。

8. 本题的两种证明是荒唐的。因在同一个 $\triangle ABC$ 中，不可能 $\angle B > \angle C$ 与 $\angle B < \angle C$ 同时成立。产生错误的原因就在于画辅助线时，没有依据。

(1)"在 AB 上截取 $AD = AC$"，则必须有 $AB > AC$ 的条件；(2)"在 AC 上截取 $AE = AB$"，则必须有 $AC > AB$ 的条件。

参考文献

陈德华，徐品方．2007．中国古算家的成就与治学思想．昆明：云南大学出版社

程民德．1995．中国现代数学家传．多卷本．南京：江苏教育出版社

黄永明．2006－08－28．冥王星：美国人的尴尬．新京报

解延年，尹斌庸．1987．数学家传．长沙：湖南教育出版社：96

李迪．1959．大科学家祖冲之．上海：上海人民出版社

李迪．1984．中国数学史简编．沈阳：辽宁人民出版社

李迪．1997．中国数学通史．上古到五代卷．南京：江苏教育出版社

李迪．1999．中国数学史．宋元卷．南京：江苏教育出版社

李迪．2004．中国数学通史．明清卷．南京：江苏教育出版社

李美旺．2006－08－29．九问冥王星为何被降级．青年参考

李文林．2002．数学史概论．第二版．北京：高等教育出版社

梁绍鸿．1958．初等数学复习及其研究，平面几何．北京：人民教育出版社

梁宗巨．1992．数学历史典故．沈阳：辽宁教育出版社

梁宗巨．1995．世界著名数学家传记（上）．北京：科学出版社

马进福．1999．世界大发现．天文·地理卷．西安：未来出版社

钱宝琮．1981．中国数学史．北京：科学出版社

斯特洛伊克 D J．1956．数学简史．关娴译．北京：科学出版社

王樵裕等．1983．当代中国科学家传（第一辑）．北京：知识出版社

王树禾．2004．数学聊斋．第二版．北京：科学出版社：33

王永建等．1996．趣味数学故事．南昌：江西教育出版社

吴文俊．1995．世界著名数学家传记（上、下集）．北京：科学出版社

徐品方．1992．数学简明史．北京：学苑出版社

徐品方．1997．数学诗歌题解．北京：中国青年出版社

徐品方．1998．定理多证，定义多解．北京：学苑出版社

徐品方．2001．数学趣话．福州：福建人民出版社

徐品方．2002．白话九章算术．成都：成都时代出版社

徐品方．2005．女数学家传奇．北京：科学出版社

徐品方．2008．数学王子——高斯．济南：山东教育出版社

徐品方，孔国平．2007a．中世纪数学泰斗——秦九韶．北京：科学出版社

徐品方，徐伟．2008．古算诗题探源．北京：科学出版社

徐品方，张红．2006．数学符号史．北京：科学出版社

徐品方，张红，宁锐．2007b．中学数学简史．北京：科学出版社

徐品方，陈宗荣．2012．数学猜想与发现．北京：科学出版社

朱学志等．1990．数学的历史、思想和方法（上册）．哈尔滨：哈尔滨出版社